ハーブの歴史

HERBS: A GLOBAL HISTORY

GARY ALLEN
ゲイリー・アレン【著】
竹田円【訳】

原書房

目次

第4章 旅をするハーブ 124

第5章 国境も文化も越えて 156

［……］は翻訳者による注記である。

序章◉原始の野生

はるか昔、作物の栽培をはじめるまで、人類は狩猟と採集によって食べ物を得ていた。やがて農耕によってはるかに多くの穀物と野菜を生産できるようになっても、食事に彩りを添えてくれる植物の中には、穀物の栽培に適さない岩がちな場所に依然として自生しているものもあった。私たちが「ハーブ」と呼ぶ植物は、山野で探し求められ続けた。いまも世界の多くの地域で、野生のハーブが採集されている。

初期農耕民は、耕地の生産性を維持するには定期的に土地を休ませなくてはならない、すなわち休閑期が必要であると気づいた。古代ヘブライ人はこれを律法に定めてさえいる。旧約聖書のレビ記25章第4節には「七年目には全き安息を土地に与えねばならない。（中略）畑に種を蒔（ま）いてはならない」とある。

休閑期がめぐってくると、人々は狩猟採集時代とほぼ変わらない生活に後戻りした。そんなとき、野生の草木はとくに貴重だった。ユダヤ教の聖典タルムードは、同じ植物（ルッコラ〈アルグラ〉、セロリ、チコリー、コリアンダー〈シアントロ〉、マスタード、スベリヒユ、ルーなど）の栽培種と野生種を区別して、それぞれに違う名前をつけて交配に関する禁忌（タブー）を定め、人々はこの教えにしたがった。(1)

こうした香りのよい草の多くは、しだいにささやかな家庭菜園に、通常は台所を預かる者が気軽に摘める場所に植えられるようになっていった。

(数)年前、ひとりの考古学者が、妙に整然と生えているローズマリーに目を留め、そこを3メートル半ほど掘ってみると、小さな住居の跡が見つかった。古代ローマ人が、ローズマリーを気軽に摘めるように、台所の扉のそばに植えていたのだ。おいしい料理に舌鼓を打った住人たちがこの世を去り、彼らの家が朽ち果てた後も、ローズマリーは生き続けた。それから千年以上をかけて住居の上に土が堆積したが、非常にゆっくりと積もっていったので、ローズマリーは地表から頭をのぞかせていることができたのだ。(2)

ささやかな家庭菜園の中には、後に整然としたハーブガーデンに進化したものもある。ハーブという、このやたらと持ち上げられている雑草が、その風情を愛でるために設計された菜園にしか植えられていないのは偶然ではない。どんな農作物もできるだけ収穫量を増やすために畑で栽培されるものだが、このしがない草は、私たちの住まいやすぐ目の届くところに植えられるという栄誉に浴している。

ハーブガーデンは、人間の五感のすべてに訴えるように設計されている。そのため私たちは、親近感の湧く、文明の洗礼を受けた野生の中にいつまでも留まっていたい気にさせられる。ときおりこの「雑草」が鉢に植えられて、台所の窓辺を飾ることもある。

ハーブは、私たちが現在の人類となるずっと前から、私たちのそばにいた。そして犬や猫のように人間と一緒に進化した。私たちは犬や猫を家族の一員としたように、ハーブを溺愛し、傍らに置こうとする。それはこの草の中に、私たちを魅了してやまない原始の野生が残っているからなのだ。

第*1*章 ◉ハーブとは何か?

◉ハーブとスパイス

「ハーブとは、正確には何なのでしょうか?」私はしょっちゅうこう質問される。シンプルかつ明快な答えがあればありがたいが、あいにくとそんなものはない。「ハーブ」という言葉の意味するものが人によって違うことも原因のひとつだ。

「スパイス」は、植物学者にはまったく縁のない言葉だ。そこで彼らは「ハーブ」を、花が咲いた後に枯れてしまうか、少なくとも萎（しお）れる、木ではない維管束（いかんそく）植物「維管束といって、水分や養分の通路となる、根・茎・葉をつらぬく細長い組織をもつ植物」と定義する。大多数の料理人と多数の園芸家は、こんな定義はまったく無意味だと言う。というのも、「ハーブ」の中には年を取ると木のようになるもの、すなわち毎年霜にあたっても枯れない、木の枝のような頑丈な茎をもつものがある

著者の庭のハーブ。手前から時計まわりにバジル、イタリアンパセリ（フラットタイプ）、セージ、タラゴン、タイム。

からだ。こうしたハーブは実際「萎れたり」はしない（ローズマリー、セージ、タイムなどがこれに該当する）。

料理人はしばしば、料理に使う植物の部位によってハーブとスパイスを区別する。「ハーブ」は葉や花、「スパイス」は樹皮、種子、根というわけだ。実際には、少なくともヨーロッパでは伝統的に、国内の菜園で栽培された植物の部位を「ハーブ」と呼び、（通常は熱帯地域から）輸入されたものをおしなべて「スパイス」と呼ぶ。残念ながら、どんなルールを選んだところであまりに例外が多いため、その原則が有用どうかはあやしい。

たとえばマスタード（アブラナ属およびシナピス属）とコリアンダー（*Coriandrum sativum*）［学名はイタリック体で表記］は、どちらも温帯の植物で、種子はスパイスとして利用されているが、葉は「ハーブ」のように調理されることが多い。若いマスタードリーフは、サラダ用ハーブとして生で、成長した葉は香味用ハーブとして炒めたり、煮込んだりして食べる。

コリアンダーの葉（シラントロ）は、世界各地の料理で生のハーブとしても、薬味としても活用されている（実際にタイ料理では、コリアンダーの葉、茎、根はそれぞれ違う食材と考えられており、別々の名前がつけられている）。ベトナムのように、コリアンダーをふんだんに料理に入れる地域もある。実際、ベトナムではコリアンダーは野菜である。

ハーブを分類するいくつかの用語の中には料理に関係した言葉もある。すでにサラダ用ハーブと香味用ハーブという言葉が出てきたが、ハーブティー（ハーブを煎じた飲み物。ティザンという呼び方もある）という言葉もある。これらのハーブやハーブの部位の中にはおもに「香味料」として利用されるものもあるが、そうでないものもある。

これは、英語だけの問題ではない。ドイツ語で、食用にする野菜の茎や葉を「クラウト kraut」と言う。「ザウアークラウト［酢漬けキャベツ］」はみなさんご存じだろう。しかし「ボーネンクラウト」は知らない方も多いのではないか。ボーネンクラウトは「豆のハーブ」という意味で、ドイツでは、インゲンマメをゆでるときにサマー・セイボリー［キダチハッカ］や、ウィンター・セイボリー（*Satureja* spp.）を入れることから、これらのハーブを「ボーネンクラウト」と呼ぶ。

コリアンダー（シラントロ）。茎の先端のもっとも若い（より細かくわかれた）葉は、この植物が結実期になりかけていることを示している。

中華料理はたくさんの醱酵調味料を味つけに使うが、香味料として利用するスパイスやハーブはどちらもせいぜい2~3種類だ。しかし、中華料理には、西洋で香味用ハーブと考えられている青物野菜を主役にした料理も多い。先に触れたように、ベトナムでは、私たちが「料理用ハーブ」と呼んでいる植物を、生野菜のようにどっさりサラダに入れる。少々香りはきついが、「サラダ」には違いない。

どの文献を見ても、クローブはほぼ例外なく「スパイス」に分類されているが、クローブは花のつぼみなので、原則に従うならハーブに入れるべきだ。ヨーロッパ人は、この熱帯常緑樹の花蕾(からい)［花のつぼみ］を乾燥させたものしか知らないが、原産地のインドネシアでは、葉や枝、樹皮も利用しているらしい。クローブの木の複数の部位から、香味料、食材、香料、「クレテック」というタバコまでつくられている。ヨーロッパ中心の「スパイス」という用語は、原産地であるインドネシアでは完全に的外れだ。

何を「ハーブ」と呼び、何を「スパイス」と呼ぶかは、地理、歴史、その時代の輸送手段の偶然の産物にすぎない場合が多い。私たちが「ハーブ」と呼ぶ食材の多くは、伝統的にヨーロッパの菜園で栽培されてきた植物に含まれる。

大航海時代まで、「スパイス」は商品を中継しながら運んでくる商人たちを通じて手に入れる他なく、商売上の理由からスパイスの原産地は極秘とされていた。スパイスの原産地について皆目無知だったヨーロッパの消費者の多くは、スパイスはエデンの園でしか育たないと信じていた。シナモン、クローブ、ショウガ、コショウは、温暖なヨーロッパでは育たなかったので、遠く離れた原産地から秘密のルートをラクダの背に載せて、時代が下ってからは小型船で輸入されていた。

スパイスの荷主は途中で何度も代わった（荷主が代わるたびにスパイスの値段は高くなった。いまで言う「付加価値」がつけ足されていったためだ）。荷物の運搬にかかる費用と、道中で遭遇する危険から、商人たちは、熱帯植物の、香りがとくに凝縮された部分だけを選ばなくてはいけなかった。枝や葉といったかさばる部分を運ぶのは、単純にコストに見合わなかった。

ハーブとスパイスの定義をめぐる議論から教訓が得られるとするなら、それは、このふたつを区別するのはやっかいだということだ。たとえば、いまではほとんどの人がシナモンはスパイスだと確信している（シナモンは熱帯の樹木の内皮で、濃厚な風味と芳香がある）。しかし、古代ギリシア人やローマ人たちの考えはまったく違っていた。

当時の人は、現在のシナモンの原料となる植物の近縁種から採取される葉を、フィロンやマラバスラムと呼んで大量に輸入していた（マラバスラムは *Cinnamomum tamala*、本物のシナモンは *C. Zeylanicum*）。これらの葉には、樹皮以上に濃厚なシナモン特有の香りがある。なぜこれらの葉が利用されなくなってしまったのか、考えてみるのもいいかもしれない。じつは使われなくなったわけではなく、いまもブータン、インド、ネパールといった南アジアでは日常的に料理に利用されている。

簡単に言うと、ハーブは、料理に風味を増すために利用される植物の部位のうち、スパイスを除いたすべてである（ただし「スパイス」という言葉の定義がそもそもはっきりしないのだが）。

伝統的に、ヨーロッパ人とヨーロッパ出身の移民は、料理の風味や香りを増すために利用する植物の素材の中で、自分たちで栽培できるものを「ハーブ」と呼び、外国から輸入しなければならず、そのためにより高価なものを「スパイス」と呼んでいた。そこからどういうわけか、スパイスはハーブより格が上という認識が生じた。こうしてスパイスが宮廷料理、すなわち高級料理に用いられるようになる一方、ハーブは庶民の食事用のありふれた日常的な食材と考えられるようになった。

こうした区別は階級差別に基づく独善的なもので、素材そのものとは何の関係もない。現在では、遠い外国から食材を運んでくる輸送費もほとんど問題にならないくらい安価になったので、ハーブとスパイスを厳密に区別するのはむずかしいかもしれない。

◉風味と化学成分

しかしこれだけは言える。スパイスやハーブがありがたがられるのは、これらの植物の部位に微量ながら確実に、アルコール、アルデヒド、酸、アルカロイド、精油（せいゆ）、エステル、エーテル、テルペノイドなど、料理に風味と芳香を与える成分が含まれているからだ。

現代の台所で、ハーブとスパイスの唯一確かな違いは、この風味化合物の濃度だけだ。スパイスのほうがつねに濃厚で、なるべく風味を引き出せるように、料理の最初の段階で加えられる場合が多い。一方ハーブ、とくに生のハーブは、食卓に出す前に揮発性の風味や香りが飛んでしまわないように、調理の後半に加えられる。

ハーブ特有の味と香りの元である化学成分に触れたところで、世間に流布している——多くの料理本でも繰り返されている——誤解を正しておこう。一般に、生のハーブをドライハーブで代用するときは、最初に指定された量の3分の1に減らすと言われている。この方法があてはまるハーブもあるが、基本原則とするには重大な問題がある。

ハーブを乾燥させると、揮発性成分の何割かもたいてい失われる。その割合が一定であれば、ドライハーブの使用量にも決まった割合があてはめられるが、ハーブはまったくあてにならない。乾燥させると風味が強くなるものもあれば、ならないものもある。化学成分の中には、乾燥すると（酸酵などの化学変化を起こして）異なる物質になってしまうものもある。先に挙げた化学成分の中には他の成分より揮発しやすいものもある。そのため、乾燥させることでより風味が強くなったり弱くなったり、もしくはまったく違う風味のハーブになったりする。

たとえば、新鮮なタラゴンはアニソールを含んでいるため、アニスのような甘くすっきりとした香りがある。しかし残念ながら、葉から水分が失われるとアニソールもほとんどなくなってしまうので、リコリス［甘草］のようなほのかな甘い香りも消えてしまう。そして、葉が乾燥するあいだに少しだが酸酵もするので、葉に含まれていた別の化学成分がクマリンに変化し、乾燥したタラゴンからは、刈ったばかりの干し草のようなこうばしい、ただしこれまでとは違った香りが生じるのである。(1)

したがって、生のハーブをドライハーブで代用するときは、使用量だけでなく、もともと指定されていたものとは、実は違う材料なのだという事実を考慮しなくてはならない。

私たちの祖先は、ハーブの魅力の源である化学成分のことは知らなかったかもしれないが、ハーブの薬効や魔力は信じていた。かつては「特徴説」という考え方が幅を利かせていたからである。「特徴説」の起源は古代ギリシアにさかのぼる（現在では迷信とされている）。これは、植物の形、色、生息する場所などの特徴が、その植物の作用を指し示しているという考え方で、たとえば「ミスミソウの葉の形は肝臓に似ているので、肝臓に効く」といった具合に、植物の形と薬効には何かしら関係があると考えられていた。

実際、ハーブの中には薬効があるものもあるが、この本ではとてもそこまで踏み込む余裕はない。ハーブが私たちの食卓にかける魔法だけで、ハーブとその起源、ハーブが世界中に広まった経緯を研究する理由としては十分だろう。

◉名前と体系化

それでは最後の問題を考えるとしよう。何がハーブかハーブでないかに関する混乱はさておき、植物の名前はまた別のやっかいな問題だ。植物（鳥、魚、動物なども）の一般名はややこしいことで知られる。まったく違う種（しゅ）どうしが同じ名前や、よく似た名前で呼ばれるケースはめずらしくない。

「ミスミソウ」（*Hepatica* spp.）。オットー・ブルンフェルス『本草写生図譜』（1530年）より。木版画。

これは意外でも何でもない。違う植物であっても料理で果たす役割が同じだったり、同じ種のようにみなされたりする場合もあるからだ。はじめて訪れた土地で未知の植物を見て、故郷のなつかしい植物を思い出したというだけで同じ名前がつけられることさえある。

こうした混乱をできるだけ回避するために、植物学者たちはカール・フォン・リンネ［1707～78。スウェーデンの博物学者、生物学者、植物学者。「分類学の父」と称される］が考案したラテン語の2名法体系［生物の学名を、属名と種小名の2語のラテン語で表わす方式］を好んで使用する。学名は衒学的で鼻につくと思われるかもしれないが、どの植物の話をしているのかをはっきりさせるには、いまのところこれが最善策だ。しかし残念ながら2名法体系にも弱点がある。

アメリカスハマソウ（*Hepatica americana*）。ニューヨーク州ダッチェス郡の野生種。

科学という学問は刻一刻と変化する。種どうしの関係や違いに関する科学者たちの知識が増えれば、分類学者たち（種の命名と分類を責務とする人々）が植物の学名を変更する必要に迫られる場面も出てくる。

18世紀にリンネが生物界全体を体系化する作業に着手してから多くの科学が変化した。その結果、植物を分類するために利用されていた用語の多くが変更されたり、削除されたり、分割あるいは他の言葉と組み合わされたりした。そのため、私たちの興味を惹く植物の正確な正体が、とくに後に述べる本草書（ほんぞうしょ）「本草とは、薬用になる植物のこと。本草の産地効能などを述べた書物を本草書という」のような古い文献を調べる際に特定できない場合がある。

合理的な人は、分類学体系の成功に重要なのは一貫性だと考えるだろう。そういう人はきっと失望する。科学者たちは、世代交代するとしばしば体系を変更する。もっともな理由による場合もあるが、すべての人がその変更を受け入れるとはかぎらない。違う場所に住む違う科学者たちは、他人が行なった変更をまるごと受け入れたり、一部だけ受け入れたり、あるいはまったく受け入れなかったりするからだ。その結果、ひとつの種に複数の異なる学名がつけられたり、異なる属にまたがって分類されたりする事態が生じる——ふたつ以上の科に載っていることさえある。

私たちにできることは、せいぜいなるべく最新の名前を使い、変更を確認し、こんな努力も20～30年もすれば水の泡になるとわきまえておくくらいのものだ。

第2章◉おなじみのハーブ

ほとんどのハーブの本が取りあげるのは、1ダースかそこらのハーブだ。これらは、ヨーロッパのハーブガーデンにたまたま生えているために、ハーブに関する文献に繰り返し登場している。かつてハーブは台所以外の場所でさまざまな使われ方をしていた。そのため初期の本草書には、現代の料理人や園芸家にはまったく無用な大量の事実、もしくは架空の事実を取り上げたものも多い。本書の趣旨から外れた無駄な知識は割愛するつもりだが、もちろんその中にも、一風変わっていて、馬鹿馬鹿しくて、つい取り上げずにはいられないものもある。

◉古代のハーブ

現存する最古の料理書は、（誤って紀元前1世紀のローマの美食家、アピキウスのものとされている）『料理帖 *De Re Coquinaria*』だ。もちろん、人類はこの料理書が書かれるはるか昔から料理をつくっていたし、レシピも活用していたはずだ。

断片的なレシピであれば、紀元前3世紀までさかのぼれる。これは、古代世界のもっとも著名な彫刻家にちなんで「料理界のペイディアス」と呼ばれた、シラクサのミテコスというギリシア人が残したものだ。[1] それどころか近年、フランスの歴史家ジャン・ボッテロがさらに時代をさかのぼり、イェール大学に以前から収蔵されていた、メソポタミア文明の粘土板に楔形文字できざまれた最古のレシピを解読した。これらはおおよその見当がつく――少なくとも今日の食卓に載っているところが想像できる料理のレシピだ。[2]

メソポタミア文明の食料庫の中身は、現代の中東のものとよく似ている。ただし、ブドウ、オリーブ、そしてもちろん、アメリカ大陸産のものはない。ルッコラ（アルグラ）、ディル、コリアンダー、クレス［コショウソウ］、フェンネル、マージョラム、ミント、マスタード、ローズマリー、ルー、サフラン、タイムといったおなじみのハーブと、[3] サフルー（sahlu）とズルム（zurumu）という現時点では特定できていないハーブが入っている。[4]

ギリシアのミケーネ文明（ホメロスの叙事詩によると、いまから3500年ほど前に繁栄した）の粘土板には、当時使用されていたハーブの名前（セロリ、コリアンダー、フェンネル、ミント）がきざまれている。これらが食材だったのか、薬だったのか、それとも香料だったのかは不明。今日もその境界はあいまいだ。[5]

◉初期の本草学者(ハーバリスト)たち

最初期のハーブの本には、料理より医学的効用に関連した記述が多い（現存する最古の料理書『料理帖』が紀元4世紀まで出版されていないのだから意外ではない）。

紀元前2世紀に、アテナイのテオプラストスが、『植物誌』［小川洋子訳 京都大学学術出版会］という植物学の百科事典（全10巻）を著した。植物を特性に基づいて説明した、荒削りながら分類学の萌芽(ほうが)を感じさせる書物だ。約2000年後に登場するリンネの先駆けと言えよう。テオプラストスは、根や葉の形に基づいて植物を分類したが、現代では、おもに植物の生殖器官である花の細部を利用する。テオプラストスは、ギリシアのレスボス島でアリストテレスと植物の生態を研究していた。

紀元1世紀には、大プリニウスが自然界を網羅する百科事典『博物誌』［中野定雄他訳 雄山閣出版］を編纂した。物質界に生息・生育する、もしくは、たんに存在するすべてに関する知識（もしくは信じられていたこと）が覚え書き風に160冊にまとめられている。完成の正確な日付は不明だが、大プリニウスは、ポンペイとヘルクラネウム［いずれもイタリアのナポリ近郊にあった古代都市］を埋没させたヴェスヴィオ火山の噴火の調査に出かけて落命したので、紀元79年8月25日以前と推測される。

博物誌は全37巻で、そのうち12巻から27巻が植物学（農学、園芸学、薬理学といった下位ジャンルも含む）にあてられている。プリニウスは、テオプラストスの著作をそのまま引用して、「バジルは古くなると劣化して野生のタイムになる」とか「月経期間中の女性が近づくと、植物は黄ばんだ色になる」など、笑止千万な情報も紹介している。[6] ルキウス・ジュニウス・モデラトゥス・コルメルラという同時代人の論文『農業論 *De Re Rustica*』も参考にされている。

同じく1世紀に書かれた、ギリシアの医者で植物学者のペダニウス・ディオスコリデスの『薬物誌』（紀元65年。全5巻）〔鷲谷いずみ、大槻真一郎訳 エンタプライズ刊〕は600種類以上の植物を取り上げている。第1巻はハーブの特性（食材としての特性を含む）をあつかう。ディオスコリデスは、植物をアルファベット順ではなく特徴や性質に基づいて体系化した。アルファベット順の分類は、植物どうしの有意なつながりを恣意的に破壊すると考えたからだ。

植物の性質に従って種間の関係を定義し、似たような性質をもつ種どうしを同じ属や科にまとめる。これは、現代の植物学者たちが行なっていることと本質的に変わりない。しかしその後1500年間のほとんどを、写本家たちは、たいてい理論でなく便宜を優先させてディオスコリデスの分類を再編していった。

『薬物誌』は、中世後期になってガレノスの著作がルネサンスに再発見されるまで規範とされていた。古代エジプトのハーブに関する知識の大半は、ディオスコリデスの『薬物誌』に集められた120のハーブのエジプト語名がもとになっている。

これらの名前の多くは（おそらくディオスコリデスの死後100年の間に）創作されたものら

チャービル（*Chaerophyllium bulbosum*）、ウォーターミント（*Mentha aquatica*）、アレクサンダース（*Smynium olusatrum*）、ユリ（*Lilium candidum*）、トウダイグサ（*Euphorbia* sp.）。アプレイウス・プラトニクス『本草書』（1431年）より。木版画。

しいが、中には現在も利用されているハーブの名前もある——セロリ（mith）、チコリーとエンダイブ（agon）、コリアンダー（okhion）、クレス（semeth）、ディル（arakhou）、エレキャンペーン（lenis）、フェヌグリーク（itasin）、ヤマホウレンソウ（asaraphi）、ニガハッカ（asterispa）、マージョラム（sopho）、スベリヒユ（mekhmoutim）、セージ（apousi）、ニガヨモギ（somi）。

エジプト人は少なくとも3種類のミント、すなわち、カーリーミント（*Mentha torgifolia*）、ウォーターミント（*M. sativa*）、ペパーミント（*M. piperita*）を知っており、それぞれをベロン、マキソ、ティスと呼んでいた。エジプト人が利用していたセイボリーは *Satureja thymbra*（sekemene）、タイムは *Thymus sibthorpii*（merouphos）。ディオスコリデスは、パセリのエジプト名には言及せず、たんに「山のセロリ」としている。

紀元1世紀のローマに、財産が減って贅を尽くした食事が続けられなくなることを悲観して自殺したと言われる、アピキウスという著名な美食家がいた。「アピキウス」の『料理帖』と銘打たれたレシピ集は、その有名な「アピキウス」の死後300年の間に編纂されたものだ（この最古の料理書の著者という名誉に浴する可能性のある人物はあと4人いるが、誰も実際にこの本を書いてはいない）。

この本では、多数の料理用ハーブが取り上げられている。その中には、リーキ（porrum）［西洋ネギ、ポロネギとも言う］、ラヴィッジ（liguisticum）［セリ科の多年草。サラダやスープの材料とされる］、パセリ（petrosilenium）など、すぐにそれとわかり、いまも食材とされているものがある。アサフェティダ（laser）、マラバスラム（シナモンの近縁種の葉）、スパイクナード（nardostachyum）［ヒマラヤから中国南西部の高山帯に生えるオミナエシ科の多年草。甘松（かんしょう）とも言う］など、特定するのがややむずかしいものもある。

また、絶滅してしまった植物（シルフィウム）から採れた食材も載っている。シルフィウムは、料理用ハーブとしても避妊薬としても大変な人気だった（ただし、避妊薬としては期待を抱かせる効果しかなかっただろう）ため、紀元1世紀頃にはローマ人に採り尽されてしまった。大プリニウスはシルフィウムを「自然が人間に与えてくれた、もっとも貴重な贈り物」と認めながらも、キレナイカ（現在のリビア東部）産の1本の茎しか見たことがないと記している。

●中世、近世の本草学者たち

5世紀頃に書かれたアプレイウス・プラトニクス（またはマダウラのルキウス・アプレイウス、偽アプレイウスとも呼ばれる）の『本草書 *Herbarium*』は、大プリニウス、テオプラストス、ディオスコリデスの著作を下敷きにしている。その写本『アプレイウス・プラトニクスの本草書 *Herbarium Apulei Platonici*』（1481年）は、後に印刷機が発明されたとき、早々に印刷された書物のひとつだった。木版画が目を引く、世界最古の印刷されたハーブの本である。

この本の成功がきっかけとなって、ラテン語の『モグンティアの本草書 *Herbarius Moguntinus*』（1484年）、ドイツ語の『本草書 *Herbarius*』（別名『健康の庭 *Gart der Gesundheit*』）（1485

「ハーブを集める医者」アプレイウス・プラトニクス『本草書』より。1200年頃の写本。

ニコラス・カルペパー『英語で書かれた療法』（1652年）より。木版画。

年）、ラテン語の『健康の園 *Hortus Sanitatis*』（1491年）などの類書が続々と印刷されて出版された。著作権の概念が誕生するはるか前の時代だったので、どの本も古典や同時代の本から内容を勝手に拝借していた。

『本草書』は、イギリスで出版された最初のハーブの本で、17世紀に登場するニコラス・カルペパー［イギリスの本草家、医者、占星術師］の『英語で書かれた療法 *English Physitian*』をはじめ、後代の本草書の手本となった。

リチャード・バンクスの『大本草書』（1526年）は、イギリスで出版された最初のハーブの本ではなかったが、植物学の詳細な情報に重点を置いた最初の本で、『ドイツ本草 *Herbarius zu Tetsch*』（1496年）と『大本草 *Le Grand Herbier*』（1520年）をほぼ下敷きにしている[7]（『ド

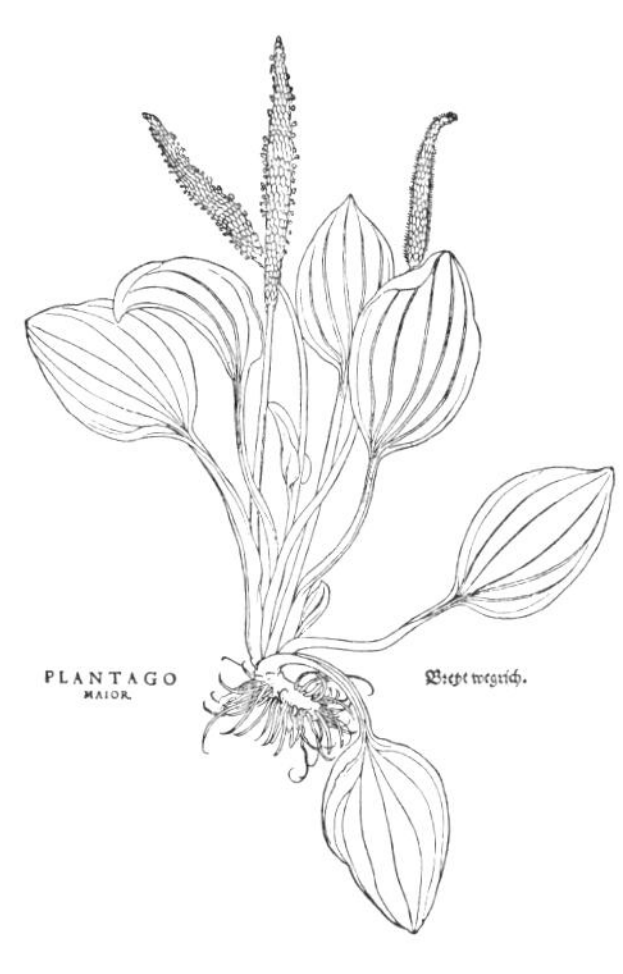

右：レオンハルト・フックス『新植物誌 *Der Nieuwer Herbaris*』（1545年）。木版画。

上：「セイヨウオオバコ」（*Plantago major*）。レオンハルト・フックス『植物誌』（1542年）。木版画。

イツ本草』は、16世紀から17世紀にかけて興隆したドイツ本草学の先駆けとなった書物である）。

ドイツ本草学の草創期には、オットー・ブルンフェルスの『本草写生図譜 *Herbarium Vivae Eicones*』（1530年）、レオンハルト・フックスの『植物誌 *De Historia Stirpium*』（1542年）、ジェローム・ボック（ヒエロニムス・トラグス）の『本草書 *Kreuter Buch*』（1546～51年）、ヴァレリウス・コルドゥスの『植物誌 *Historia Plantarum*』（1544年）と『薬法書 *Dispensatorium*』（1546年。著者の死後に出版された）などが続々と出版された(8)。

いずれの本にも精密な木版画の図版が載っており、フックスの1545年版の挿絵は、ターナーの『新本草書 *A New Herbal*』（1551～68年）、ドドエンスの『植物図譜 *Crïjdeboeck*』（1554年）、ライトの『新本草書 *Nieve Herball*』（1578年）［ドドエンスの『植物図譜』の英訳版］、ボーアンの『一般植物誌 *Historia Plantarum Universalis*』（1650年）、シンツの『手引書 *Anleitung*』（1774年）など、後代の本草書にも広く利用された(9)。

シャルル・エチエンヌの『農業と田舎の家 *Agriculture et maison rustique*』（1564年）は、フランス語で書かれた最初の本草書で、著者は、ハーブガーデンに、バーム、バジル、コストマリー、ヒソップ、ラベンダー、マージョラム、ローズマリー、セージ、タイムなど、香りのよいハーブをたくさん植えるように教示している。

これらの植物誌どうしの、現代風に言うなら「市場シェア」をめぐる獲得競争は熾烈だった。フックスは「今日出回っているすべての本草書の中で、エゲノルフという印刷業者が繰り返し出版し

ジョン・ジェラード『本草書または植物の話』（1597年）扉。

600 THE SECOND BOOKE OF THE

1 *Calendula multiflora maxima.*
The greatest double Marigold.

2 *Calendula maior polyanthos.*
The greater double Marigold.

3 *Calendula minor polyanthos.*
The smaller double Marigold.

4 *Calendula multiflora orbiculata.*
Double Globe Marigolde.

「マリーゴールド」(*Calendula officinalis*)。ジョン・ジェラード『本草書または植物の話』(16世紀)。

ているものほど馬鹿げた間違いを載せたものはない」と憤慨している。エゲノルフは、『健康の園 *Gart der Gesundheit*』のあらたな版の挿絵に、フックスの本の図版を無断で借用していた（フックスの抗議はエゲノルフの本の売り上げにほとんど影響せず、問題の本はその後２５０年間増刷を重ねた）[10]。

初期の本草書の中でとくに有名なのが、ジョン・ジェラード［１５４５～１６１１］の『本草書または植物の話 *The Herball, or the Generall Historie of Plants*』だ。この本は１５９７年に出版され、先に挙げた多くの本草書を下敷きにするいっぽう、植物のすぐれた説明も加筆している。残念ながら、ジェラードの本にはたくさんの民間伝承（フォークロア）（現代の食物学者たちならば「フェイクロア（ねつ造された民間伝承）」と呼ぶだろう）もおさめられている（ハーブの本にはいまだにこうした傾向が残っていて、現代の読者を魅了したり憤慨させたりしている）。

ニコラス・カルペパー（１６１６～１６５４）は、イギリス最初の本草学者（ハーバリスト）ではなかったが、ハーブの伝統の開祖と呼ぶにふさわしい人物である。

カルペパーは占星術師でもあった。つまり、彼の著作にはハーブの本にありがちな典型的欠陥があること――すなわち占星術、錬金術、「特徴説」といった不可解な教えと、観察に基づく有用な情報がごったになっているということだ。カルペパーの著書『英語で書かれた療法』（１６５２年）（通称『カルペパーの薬草大全』）は、北米大陸に建設されたあらたな植民地に、もっぱら医療書として運ばれていった。

マンドレイク［別名マンドラゴラ］。サクソン人の本草書より。特徴説で人気があった万能薬のひとつ。根が人間の体に似ていることから、ほぼあらゆる病に効くと言われていた。

ハーブの薬効ではなく、食材としての特性に注目した最初のハーブの本のひとつが、ジョン・イーヴリン［1620〜1706。イングランドの作家、造園家］の『アケーターリア（サラダ論）*Acetaria: A Discourse of Sallets*』（1699年）だ。「Acetaria」はもともと大プリニウスの言葉で、「ビネガー・ダイエット」、すなわち生のキャベツを酢であえて食べると、健康にも消化にもよいという教えを指す。

この考えは、シドニー・スミスの著書『居酒屋の鉢用ハーブサラダ *An Herb Sallad for the Tavern Bowl*』（1796年）にも継承されている。この本には「レタス1玉、スイバ［葉に酸味があり、ヨーロッパでは古くからスープの実、サラダ、肉料理のつけ合わせなどに用いられるハーブ］、サラダバーネット、タラゴン、ラヴィッジ、エシャロット、ガーリック・チャイブ、チャービル、クレソン、パセリ」の料理が載っている。(11)

「マンドレイク」(*Mandragora autumnalis*)。ドイツの『植物誌』より。1500年頃。

「ドイツ植物学の父」の中でもヴァレリウス・コルドゥス［1515〜1544］はとくに重要な人物だ。というのも、同時代の多くのドイツ人と違い、ヨーロッパのハーブの伝統の中心であるイタリアに足を運んで地中海のハーブを自分の目で見ているからだ。

本草学は、今日でもなお、古い時代の文献に由来する「事実」（証明されたものもそうでないものもある）の受け売りに陥りがちである。観察と実験ではなく、権威に依存するこういった姿勢は、17世紀初頭にフランシス・ベーコン［イギリスの哲学者。経験主義の祖」の『ノヴム・オルガヌム――新機関』（1620年）［桂寿一訳 岩波文庫］で支持された科学のあたらしい方法によって廃れたはずだが、どういうわけか、多くのハーブの本ではいまだに健在だ。カルペパーは、「読者への最初の手紙」で次のように訴えているのだが。

私には、著者の言葉を鵜呑みにすることはできません。著者がそう言っているという理由で何かを信じることもできません。そして、私の念頭にある方々もみな、自分の言動に関するすべてについて、理由を言えるように努力してほしいと思っています。その人たちは、人間は理性によって獣と区別されると言います。それが真実なら、なぜ自分たちの判断の合理的理由ではなく、昔の著者の言葉を引き合いに出すのでしょうか。(12)

●薬、染料――生活に密着していたハーブ

現代では、ハーブをもっぱら食材か、代替医療［近代西洋医学に分類されない（多くは伝統的な）医療。鍼灸、漢方、カイロプラクティックなどが代表］として考える傾向があるが、近代以前、ハーブは人々の日常ではるかに大きな役割を果たしていた。まず、ハーブは「代替」医療ではなかった。化学合成物を主原料とする薬がつくられる近代より前の時代では、医者の処方する薬はすべてハーブが原料だった。

私たちが現在服用している薬の中には、ハーブの薬から生まれたものもある（たとえばアスピリ

ン〔アセチルサリチル酸〕は、ヤナギの樹皮の抽出成分を化学的に合成したもので、「サリチル酸」はヤナギの属名 *Salix* に由来する）。植物の名前の多くも、古代の薬の名前と語源的に関係しているものが多い。

今日、ハーブなどの代替医療に頼るのは近代科学に対する不信の表れだ。不信感は、近代的な治療の成果がはかばかしくなくて芽生える場合もあるが、現代人を取り巻く目まぐるしい生活よりも、素朴で、純粋に思える過去との絆を大切にしたいという願いから生じる場合もある。スローフード運動も同じような願望の表れなのかもしれない。

専用の菜園で栽培されたものであれ、たんに野山で採集されたものであれ、ハーブにはじつに多様な使い道があったが、そのほとんどが今日では忘れられてしまった。昔は、染料の原料はほとんどハーブだった（例外はコチニールという赤色染料で、コチニールカイガラムシというアブラムシによく似た小さな虫からつくられていた）。

1856年、イギリスの化学者ウィリアム・ヘンリー・パーキンが、世界ではじめて化学染料モーベインの合成に成功すると、事情は一変した。モーベインという名前は、ゼニアオイ属（*Malva*）の野生種「アオイ」のフランス語名「モーブ」に由来し、200

「コリアンダー」。ペーター・シェファー『本草書』（1484年）より。木版画。

年近くこの色の名前として用いられていた。皮肉にも、パーキンはコールタール（石炭からコークスという燃料を乾留する工程で生じる副産物）から、まったく違う植物性の薬、キニーネを合成しようとして偶然この染料を発見したのだった。

●匂いと衛生管理

消臭スプレーが誕生するまで、世の中はもっと臭かった。衛生管理も今日のように熱心に行なわれてはいなかった。いまも部屋をいい香りにするために、ポプリや匂い玉（ポマンダー）［柑橘系の果物にクローブなどの殺菌、抗菌効果の高いスパイスを刺して乾燥させたもの］が飾られることもあるが、それは、ポプリや匂い玉が昔ながらの魅力的な方法であるからで、とくに消臭効果を期待しているわけではない。

かつて芳香性のハーブや花はもっと大きな役割を果たしていた。人々は、香りのよいハーブや花を定期的に床にまいていた。それは床に落ちているあらゆるものを吸着して小さな害虫がはびこるのを防ぎ、上を歩いたときに心地よい香りを立ち上がらせるためだった。

中世からルネサンス期にかけて、メドウスイート（*Filipendula ulmaria*）、マグワート（オウシュウヨモギ *Artemisia vulgaris*）、スイート・ウッドラフ、ローズマリー、ヤローなど、香りのよいハーブは多機能カーペットとして重宝されていた。農民たちは家の床に自ら野生のハーブをまいたが、王室には香りのよいハーブを集めて城の床にまき、枯れたら後始末をする［この作業をストローイ

芳香性ハーブの店。台北（台湾）。

ングという。ストローは「まき散らす」という意味］専門のストリューワーがいた。

16世紀、イングランド王ヘンリー8世の治世下に、農業にあかるかった詩人のトーマス・タッサーは、ストリューワーが集めるべき草花として、先に挙げた以外に16種類のハーブ――そして何種類かの花も――を挙げている。バジル（*Ocimum* spp.）、クスノキもしくはコストマリー、カモミール（*Anthemis* spp.）、フェンネル、ジェルマンダー［ウォール・ジェルマンダー］（*Teucrium chamaedrys*）、ヒソップ、ラベンダー3種、レモン・バーム（*Melissa officinalis*）、マージョラム（*Origanum majorana*）、ペニーロイヤル［メグサハッカ］（*Mentha pulegium*）、ミント（*Mentha* spp.）、セージ（*Salvia officinalis*）、タンジー（*Tanacetum vulgare*）、ウィンター・セイボリー（*Satureja montana*）。[13]

ストローイングは非常に重要な任務であったため、17世紀、ジェームズ2世［在位1685～1688］は王室ハーブ・ストリューワーという役職を定めた。この役職は、ジョージ3世の死後に形骸化したが、今日まで名誉称号として受け継がれている。

●食材としてのハーブ

ハーブに関する初期の記録には医学に関するものが多いが、料理に関係した記述もときおり見られる。古代エジプト人は多くのハーブを使っていた。それらの名前は、おもにテオプラストスの著作を通じて知られている。

古代エジプト人は、コリアンダー（*Coliandrum sativum*）の葉をオキオンと呼んだ。その種は、ツタンカーメンの墓に丁重におさめられていた。かなり時代が下ってからも、大プリニウスは、エジプト産のコリアンダーが最高だと信じている。ディル（*Anethum graveolens*）も、古代エジプト人にはなじみ深いハーブだった。

エジプト人は、マスタード（*Sinapis arvensis*）をエウスモイ、ヘッジマスタード［カキネガラシ］（*Sisymbrium officinalis*）をエレスモウと呼んでいた。チャービル（*Anthriscus cerefolium*）は、エジプト中王国［紀元前２０４０年頃～１７８２年頃］初期からよく知られ、利用されていた。ツタンカーメンの墓には、コリアンダーと同様に、死出の旅への備えとしてチャービルの種子が入った籠もおさめられていた。

「リュウゼツラン」（*Agave* spp.）。フランシスコ・エルナンデス『Rerum Medicarum』（1615年）。木版画。

大プリニウスは、バジル［メボウキ］(*Ocimum basilicum*）の開花習性を説明しているが、かなり不正確なので、他の植物と勘違いしているものと思われる。別のページでは、種子をまくときは「悪口や罵声を浴びせてからまくとたくさん実がなるので、地面を踏み固めてから種子をまき、芽が出ないように祈るとよい」といったじつに馬鹿げたアドバイスをしている。[14]

大プリニウスは、ネギ属の仲間をまとめて「ブルブス」［おもにユリ科植物。その球根］と呼び、ローマ帝国領土のさまざまな品種を紹介している（ただし、ネギ属の中でプリニウスが絶賛している海葱（かいそう）（*Scilla spp.*）は、現在ネギ属の仲間の中では食卓で見かける機会がもっとも少ない）。他のネギが野菜として紹介される中で、スプリング・オニオン、すなわちリーキは「薬味」とされている。[15] フェンネル（*Foeniculum vulgare*）は、古代エジプト人、ギリシア人、ローマ人の間で人気のハーブで、ローマ人は、パンを焼くときにフェンネルの枝を下に敷いていた。

ヒポクラテス［紀元前460～375年頃。古代ギリシアの医師。「医学の父」と呼ばれる］は、著書『薬物誌 *Materia Medica*』で、当時地中海全域に生育し、古代エジプトにも普及していたローズマリー（*Rosmarinus officinalis*）とセージの薬効に触れている。ミントも有益な薬草としている。

プリニウスは、ミントの食材としての価値にも注目し、「田舎の宴会の料理に用いられ、好ましい香りを食卓中にふりまく」と記している。「一度植えると、かなり長い間枯れることがない」ともある。ミントの生命力の強さは、現代の園芸家にとっては悩みの種だ。[16] コモンタイム（*Thymus vulgaris*）については「ワイルドタイムと共に山にいっぱい生えている」、ギリシアでよく採集され

ローズマリーの花。ニューヨーク州ハイドパーク市、カリナリー・インスティテュート・オブ・アメリカのハーブガーデン。

「セージ」。レオンハルト・フックス『植物誌』（1542年）より。木版画。

コモンタイム。ニューヨーク州シュローン・レイクの公園から野生化して広がったもの。

ていると記している。(17)

マスタードの辛みは、「煮ると感じられなくなる。葉も、他の野菜と同様に煮る」(すなわち、香味野菜として利用する)としている。(18) プリニウスは辛みが消える理由は知らなかったかもしれないが、事実は彼の言葉通りである。マスタードやホースラディッシュに含まれているイソチオシアネートという「辛み」成分は、植物に含まれる酵素が、植物に含まれている別の物質に触れることではじめて発生する(細胞が破壊されると、化学物質が反応を開始する)。これらの植物を、反応が起きる前に加熱すると、熱によって酵素が破壊されるためイソチオシアネートは生成されない。

プリニウスは、パセリ(*Petroselinum crispum*)をサラダ用ハーブとして、『博物誌』

でも多くのページをその説明に費やしているが、彼が説明している植物の中には同じセリ科 *Apiaceae* の有毒な草も交じっている。タマネギの種子をまくときはセイボリーを混ぜると「タマネギの生育がよくなる」と言っている。[19] 他の箇所では、ラヴィッジ（*Ligusticum levisticum*）をセイボリーの属名（*Satureja*）の語源となった、サチュレイアと混同しているようだ。[20]

●カルペパーいわく……

カルペパーは、バジルをたちの悪い危険な草と信じ、次のように推理している。「何かがあるのだ。バジルは、ルーと一緒に育たない。ルーのそばに植えても育たない。そしてルーは、成長する有毒なものの大敵である」。そして「これ以上は触れるまい」と結ぶ。[21] とはいうものの、バジルは17世紀のイギリスで、フェッターレーン・ソーセージというソーセージの風味をよくするために練り込まれていた。

カルペパーは「ワイルド・マージョラム wild marjoram」（別名オレガノ *Oreganum vulgare*）を「ウィンド・マージョラム wind marjoram」と呼んでいるうえ、食材としての用法にはまったく触れていない。カルペパーの日常の献立にピザは入っていなかったようだ。

カルペパーは多くのハーブについて、「よく知られているので必要がない」と言って説明を省略している。ベイリーフ（*Laurus nobilis*）、ウィンター・マージョラム、スイート・マージョラム、ポット・マージョラム、パセリ、そしてサマー・セイボリー、ウィンター・セイボリー（*Satureja*

ベイリーフ。寒い北の冬を越せないため、温室で栽培されている。

スペアミント（*Mentha spicata*）。ニューヨーク州ジャーマンタウン、クラモント・ステート。

spp.）についても、「私たちの菜園の住人として歓待されている」としか言っていない（当然のごとく、料理にどう使うかには触れていない）[22]。

ローズマリーの料理法にも触れてはいないが、ローズマリーが記憶力を高めるという説はあえて取り上げている（セージについても同様）。タラゴン（*Artemisia dracunculus* 'sativa'［フレンチタラゴン］）はカルペパーの著書に登場すらしない。ミントについては「臭い息」に効くとだけ述べている[23]。

マスタードの「丸く黄色味がかった種子」は、「ピリッと辛く、舌を刺す」とある（カルペパーは、味覚に関しては、つねにわかりきったことだけを言おうとした[24]）。

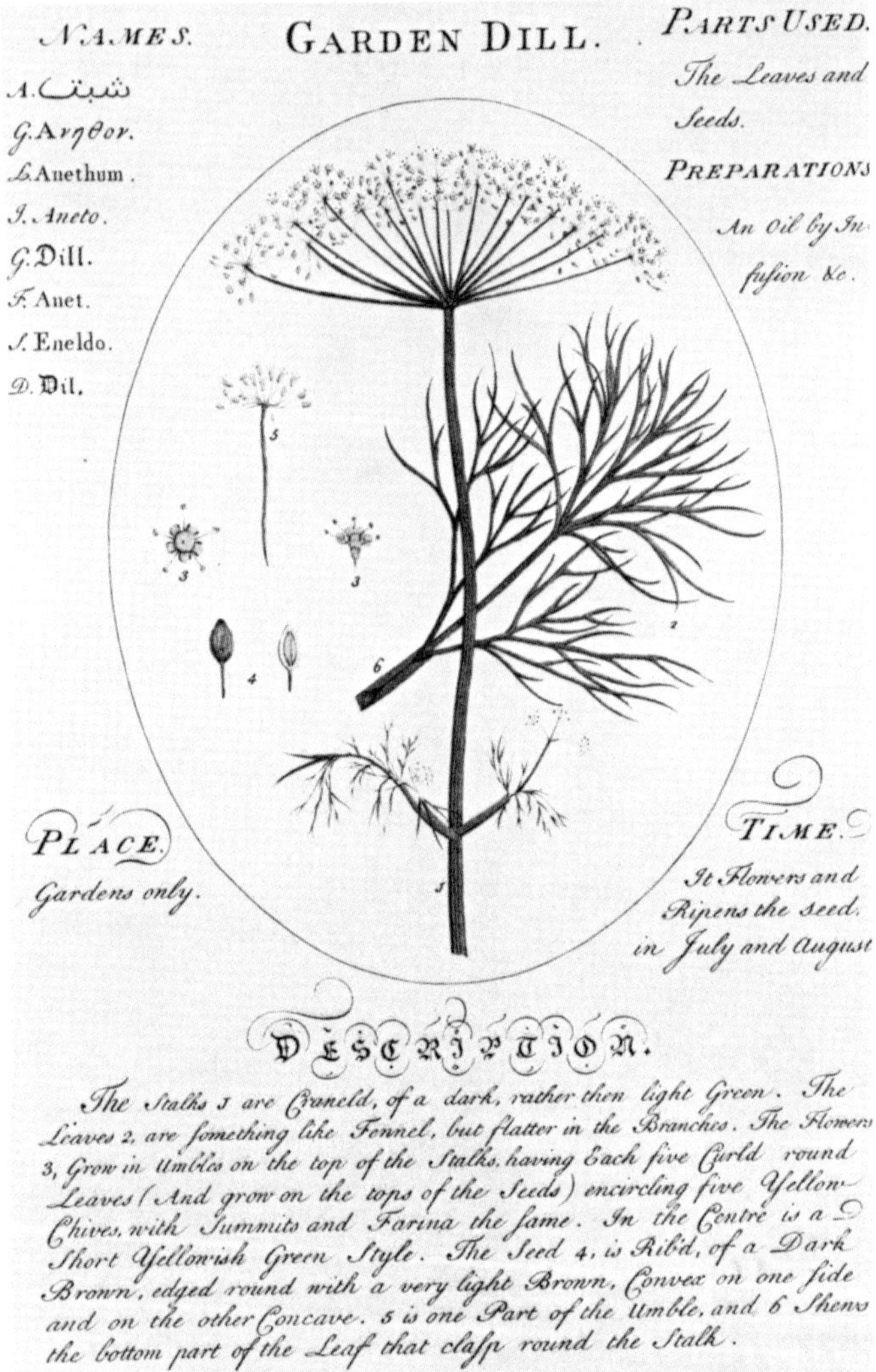

「ディル」(*Anethum graveolens*)。ティモシー・シェルドレイク『薬草』(1756～9年)より。

チャイブの花。この食用花は、料理のすばらしいつけ合わせになる。

キンレンカ（*Tropaeolum majus*）の花と葉は、サラダやサンドイッチに、ピリッと辛いマスタードのようなアクセントをつけ加える。

カルペパーは、「世間によく知られているハーブについてくどくど説明しても仕方ない」と言う[25]。タイムの原種ワイルドタイム（*T. serpyllum*）についても、調理法にはまったく触れていない。実際、彼の本にはハーブの調理法に関する記述はほとんど出てこない。チャービルについては「サラダ用のハーブとして菜園に植えられる」と言っている。

ディルは、フェンネルに比べて「強烈な、不快な匂い」がするとある[26]。また、「キベス」（チャイブス *Allium schoenoprasum*）は危険なので、医師に処方してもらわなくてはいけないと信じている。

キベスは、そのまま食べると（「そのまま」というのは、焼いていないとかゆでていないという意味ではなく、化学的に調合されていないという意味）、脳に非常に有害なガスを発生するので、むやみに眠くなったり、目がよく見えなくなったりする。しかし、錬金術師に調合してもらえば、尿漏れによく効く薬になる[27]。

カルペパーは、ウォータークレス（クレソン）（*Nasturitum officinalis*）は、「少々辛い、ピリッとした味がする」と書いている。また次のようにアドバイスしている。「健康な人は、好きなら食べてもいいが、そうでないなら無理に勧めはしない。スープがだめなら、サラダにして食べるとよい[28]」。

「キンレンカ（ナスタチウム）」（*Tropaeolum majus*）と呼ばれているおなじみの花はクレソンに似たピリッとした辛みがあるが、辛さの程度には幅がある。「クレス」にはアップランドクレス（*Barbarea verna*）、ウォータークレス、ガーデンクレス（*Lepidum sativum*）の3種類がある。いずれもピリッとした辛みがあるのは、ホースラディッシュやマスタードといったアブラナ科の植物に共通する辛み成分が含まれているからだ。

●かつてよく知られていたハーブ

かつてよく知られていたハーブの中には、いまではそれほど見かけなくなったものも多い。こういったハーブは、園芸家や、めずらしい食材をつねに探している熱心な料理人以外の人の目にはあまりとまらないが、たまに再発見されて人気が再燃するものもある。ルッコラ（アルガラ）とコリアンダー（シアントロ）はその代表と言えよう。

プリニウスは、ルッコラ（*Eruca vesicaria* ssp. *sativa*）には「性愛を駆り立てる作用がある」と信じていて、「レタスの冷たすぎる性質と、ルッコラの同等の熱い性質が混ざり合って中和される」から、レタスと一緒に食べるとよいと言っている。(29) カルペパーは、ルッコラは「サラダ」以外に使い道はないので、くわしく説明する必要はないと考えた。その代わり、「コモン・ワイルド・ルッコラ」については、医薬上の効用などをくどくどと説明している。

ルッコラは、古代エジプトではエスレキンキンと呼ばれ、ヨーロッパでもサラダ用野菜として古くから人気があったが、アメリカで食材として脚光を浴びるようになったのはここ10年ほどだ。カルペパーによれば、アンジェリカ（*Angelica archangelica*）は「よく知られており、ほぼすべての菜園で栽培されている」そうだが、今日では砂糖煮にした薄緑色の茎くらいしか見かけない。(30)

ショウブ（*Acorus calamus*）も、古代エジプト人になじみの植物で、治療薬や媚薬として利用されていた。今日その精油は、一部のお茶や、アルトファーター、ベネディクティン、カンパリ、ジン、ベルモット、黄（ヴェール）と緑（ジョーヌ）のシャルトリューズなどのリキュールに配合されている。

エジプト人はカモミール（*Chamaemulum nobile*）も知っていたが、何に利用していたのかはわ

ラベンダー（*Lavendula angustifolia*）「ヒドコート」種。コーネル大学のハーブガーデン。

かっていない。カルペパーは、カモミールについても、とてもよく知られているので、細かに説明する意味はないとしている。調理法にももちろん一言も触れていない（カルペパーにとって、ハーブのお茶も煎じ汁も浸漬酒もすべて薬としての意味しかなかった）。

ラベンダー（*Lavandula* spp.）についても同様である。ラベンダーはかなり古くからよく知られていて、古代エジプトではスフロと呼ばれていた（古代エジプトのラベンダーは*L. stoechas*）。

園芸家たちは、ジャコウノコギリソウ（*A. moschata*）やヤロー（*A. millefolium*）など、ノコギリソウ属の可憐な花は知っていても、渋く、苦く、ピリッとした味の葉が、チーズやさまざまなディジェスチフ［消化を促進するための食後酒］に苦味成分としてごく少量入れられたり、一部のビールにホップの代わりに利用されたりしていることはおそらく知らないだろう。

ディジェスチフの原料としてはその他にバーム（レモン・バーム）がある。レモン・バームは南ヨーロッパ原産で、中世には比較的温暖な地域の修道院の庭で栽培されていた。修道士たちは薬法書に従ってベネディクティンやシャルトリューズといったリキュールにレモン・バームを入れていた（ベネディクティンのレシピは、実はかなり近年になってから修道士が考案した処方を復元したもの）。20世紀に安価なレモンが温暖な地域から輸入されるようになると消費量は減ったが、近年、香りはレモンだが酸味は穏やかなレモンバームの人気が再燃している。マイヤー・レモン［レモンとオレンジの自然交雑種。酸味が少なく人気がある］のハーブ版と言えよう。

バーベナも古代からレモンの代用とされてきた。ヒポクラテスの『薬物誌』にもバーベナ［クマツヅラ」(*Verbena officinalis*) が出てくるが、これは今日私たちが知るバーベナではない。現代のバーベナ(レモン・バーベナ *Aloysia triphylla*) は南米原産で、コロンブス以前のローマで知られていたはずがない。レモン・バームとレモン・バーベナのレモンのような香りは、同じシトラールという成分に由来する。

◉ビールと麻薬と酒

ビールと聞いて誰もがまっ先に思い浮かべるハーブは言うまでもなく、ホップ(*Humulus lupupus*) だ。ホップの苦味成分ルプリンは防腐剤の役目も果たしている。新バビロニアに囚われていたユダヤ人たちは、オオムギのビールをホップで味つけしていた。大プリニウスは、ホップの

「ホップ」レオンハルト・フックス『植物誌』より。木版画。

若芽は香味野菜として調理できると記している。

中世ドイツの修道院長、ビンゲンのヒルデガルト［神秘家。医学、薬草学にあかるかった］もオーツムギのビールの原料としてホップを挙げており、オランダでは14世紀初頭から利用されていた。(31)

1599年にヘンリー・ビューツが記しているように「宗教改革とビールはイギリスに一緒にやってきた」と言われる。問題の年は1524年。イギリスの反教権的なロラード派がローマカトリック教会の改革を要求して立ち上がった年である。ただし、ホップに関するビューツの情報は間違っている。ホップはローマ時代からイギリスにあった。16世紀初頭、ヘンリー8世［1491〜1547］がホップの使用を禁じたこともあった［イギリスの伝統的なビール、エールを保護するためという説もある］。ホップの使用がイギリス全土で解禁されたのは、100年以上後の17世紀なかばになってからである。

アサ（マリファナ *Cannabis sativa*）は、アムステルダムのIJ醸造所［1985年開業］で「ハイ・ブルー」というビールにホップの代わりに入れられていた（現在製造は中止されている）。言うまでもなく、マリファナは麻薬として知られているが――街角でさりげなく「ハーブ」と呼ばれることもある――じつは伝統的に食材としている地域もある。

エジプトの合成バター「マポウチャリ」にはアサ（マリファナ）が入っている。古代の遊牧騎馬民族スキタイはアサの実を炒っておやつにしていた。日本の「がんもどき」にもアサの実が入っている。東ヨーロッパ、とくにポーランドとロシアでは、乾燥させたアサの実を食べている。モダニ

「ヨモギ」。アプレイウス・プラトニクス『本草書』（1200年頃）。

スト文学の巨匠、ガートルード・スタインの恋人、アリス・B・トクラス［1877～1967］の有名な「ブラウニー」（実際にはファッジ）と同様、アルジェリアやモロッコのマジューンというキャンディ（媚薬）にもハシシ（マリファナ）が入っている。

マジューンは、デーツ、イチジク、レーズンなどのドライフルーツとアーモンドプードル（もしくはクルミ）を混ぜて、アニスの実、シナモン、ショウガ、ハチミツで風味をつけた食べ物。古代にはマリファナを吸う風習はなかったが、アッシリア人たちはこれを焚き、「燻蒸で哀しみと苦悩を追い払った」という(32)。

マグワート（*Artemisia vulgaris*）とワームウッド（ニガヨモギ *A. absinthium*）はどちらもヒポクラテスの『薬物誌』に登場する。ヨモギ属（*Artemisia*）は、古代から知られており、ローマ人は、

ポンタルリエのアブサンの広告ポスター。19世紀フランス［1915年に禁止されるまで、ポンタルリエはアブサンの一大生産地だった］。

ホーハウンド。ニューヨーク市、コーネル大学のハーブガーデン。

女神ディアナ（アルテミス）がこのハーブをケイロン（ケンタウロス。アスクレピオス［ギリシア神話に登場する名医］に医術を指南した）に渡したと信じていた。

ワームウッドは、今日ではアブサン酒に欠かせない材料として知られている。プリニウスは、ワームウッドの小枝を浸して風味をつけたワインをアブシント酒と呼んでいた。タンジー（*Tanacetum vulgare*）も、苦味と、アブサン酒を思わせる柑橘系の香りがほのかにする芳香性のハーブである。ホーハウンド（ニガハッカ *Marrubium vulgare*）の属名「マルビウム *Marrubium*」は、ヘブライ語の「マロブ marob」に由来する。もとは過越（すぎこし）の祭［ユダヤ教の祭日のひとつで、奴隷状態にあったユダヤ民族のエジプト脱出を記念する祭］で食べられていた苦いハーブのひとつだった。苦味を和らげるために、ハチミツと組み合わせる場合が多い（呼吸器系の薬として処方する場合など）。いまでも昔ながらの咳止めキャンディとして、たまに利用される（カルペパーの時代には、ホーハウンドの咳止めシロップは広く普及していた）。

20世紀のフードジャーナリスト、クレイグ・クレイボーンは、1963年、ホーハウンドを「効き目が弱く、時代遅れの、あやしげなハーブやスパイス」のひとつとし、ホーハウンドのキャンディは「何とも嫌な、変な味」と言っている。とはいえ、この意見に賛同しない人もいまだにわずかながらいる。(33)

◉姿を消した（?）ハーブ

ハーブの名前の中には、古代から現代にいたるまで受け継がれてきたものの、いまでは当時と違う植物を指すようになったものもある。たとえば、聖書に登場する「ヒソップ」は、現代のヒソップ（*Hyssopus officinallis*）ではなく、おそらく「ザタール za'atar」と呼ばれている多くのハーブのひとつだろう。

ハーブに含まれる精油を研究している化学者、アレクサンダー・フライシャーとジェーニャ・フライシャーによると、聖書のヒソップはほぼ間違いなくマヨラナ・シリアカ（*Majorana syriaca*）［ハナハッカの近縁種。岩地や砂地に生え、白い花を咲かせる］だそうだ[34]。

ザタールは、中東で利用されているハーブの仲間を指す集合名詞で、カラミンサ属（*Calamintha*）、オリガナム属（*Origanum*）、キダチハッカ属（*Satureja*）、イブキジャコウソウ属（*Thymus*）など複数の属が入る。これらのハーブにはいずれも高濃度のチモール（タイム特有の精油）が含まれている。

このハーブと、やはり「ザタール」と呼ばれる、中東で人気のスパイスミックスを混同してはならない。これは一般に、乾燥させたタイム（こちらもザタール za'atar）と、炒ったゴマとウルシの実を混ぜて挽いたもの。中東では、ハーブとこのスパイスミックスを漬け込んだオリーブオイルに、パンを浸して食べる。

かつて「レバント」と呼ばれていた地域［東部地中海沿岸一帯］で、料理にさわやかな酸味を加えるためによく用いられていた――ただしそれ以外の地域ではほとんど利用されていない――のが、地中海沿岸地方原産のスマック（ウルシ *Rhus pentaphylla* と *R. tripartite*）だ。リンゴ酸が含まれているため、青りんごに似た香りがする。アラブ料理、クルド料理、イラン料理、トルコ料理には、細かく挽いたスマックの実がよく入っている。

アメリカ大陸でこれに相当するのがスムーススマック（アメリカウルシ *R. glabra*）と、スタッグホーンスマック（*R. typhina*）で、地中海地方の近縁種と同じように料理の食材にもなるが、ボーイスカウトたちが教えてくれるように、レモネード風味のさわやかな飲み物を手軽につくることもできる。

ウルシ属でも、白い実が成る種にはけっして触れてはならない。とくに有名なのが、ツタウルシ（*R. toxicodendron*）、アメリカツタウルシ（*R. diversiloba*）、ドクウルシ（*R. vernix*）だ。

この他にも、かつて非常に人気があったが、いまでは台所からほとんど姿を消してしまったハーブがある。ラヴィッジは、アピキウスの『料理帖』に（ルーと共に）もっともよく登場するハーブのひとつだった。しかしいまでは、とうの昔に廃れた料理を意図的に再現する場面以外ではほとんど見かけない。ラヴィッジには、セロリのような強い香りがある。

ディオスコリデスによると、エジプト人は、ルー（*Ruta graveolens*）をエフノウボンと呼んでいたらしい。ルーは、ヒポクラテスの『薬物誌』にも登場する。非常に苦味の強いハーブだが、古代

ルー（「ブルーマウンド」）。苦味のあるハーブのひとつ。

ローマでは食材として人気だった。プリニウスもハチミツ酒の風味づけに用いると述べている。ウッドラフ（*Gallium odoratum*）は有名だが、使用法はきわめて限定されている。地中海地域原産で、ドイツで春によく飲まれるメイ・ワインというワインの香りづけに用いられることで知られる（ウッドラフには微量ながら毒があるため、現在市販されているメイ・ワインは人工香味料で風味づけされている）。

属全体が、芳香のためだけに改良を重ねられたものもある。センティッド・ゼラニウム（ニオイゼラニウム *Pelargonium* spp.）にはさまざまな香りの仲間がある。品種改良が重ねられた結果、アップルゼラニウム（*P. odoratissimum*）、チョコレートミントゼラニウム（*P. tomentosum*）、レモンゼラニウム（*P. crispum*）、ナツメグゼラニウム（*P. fragrans*）など、数十種類の栽培品種と交配種がある。

野生のハーブの中には手間のかかる栽培植物になったものもある。クイーン・アンズ・レース（ノラニンジン *Daucus carota*）は、栽培用ニンジン（*D. carota* L. ssp. *sativus* クイーン・アンズ・レースの亜種）の祖先にあたる雑草だ。根は固すぎて食用に向かないが、葉はスープのおいしい具になる。種子にも、キャラウェイの種子を温めたような風味がある。

クイーン・アンズ・レースという俗名は、ヘンリー8世の2番目の妻アン・ブーリンが斬首されたことに由来する。アン・ブーリンは幅広のレースの襟を着用して処刑に臨んだ。そしてクイーン・アンズ・レースの白い花の中央には、血のように紅い小さな点があるのだ。

野生のハーブの中には、けっして故意に種子をまかれることのないものもある。そのひとつがセイヨウイラクサ（*Urtica dioica*）だ。学名の *Urtica* は「燃える」という意味のラテン語に由来する。トゲに刺されるとヒリヒリするからだが、長袖のシャツと軍手を着用して慎重に収穫すれば、初春の葉は、おいしい炒めものやスープの具になる。小さな鋭いトゲも、調理するときに火を通せば問題ない。

◉ハーブとサラダ

サミュエル・ピープス［1633～1703。イギリスの官僚。詳細な日記で知られる］は、1661年2月25日の日記に「イラクサのおかゆ」を食べたと記している。[35] イラクサにかぶれると痛いのは、葉や茎の小さな針のようなトゲにあるギ酸が原因だ。アリに咬まれたときにヒリヒリ痛むのも同じギ酸が原因である。

1699年、ジョン・イーヴリンが『サラダ論』を発表するはるか前から、サラダ用ハーブは生のまま食べられてきた。そして少なくとも初期人類が火を調理に利用する方法を発見してからは香味用野菜も利用されてきた。今日、私たちは「ハーブ」を、それ自体独立した食材というよりは、スパイスのように、すなわち他の食べ物に風味を与える香味料として考えがちだが、昔からそうだったわけではない（そしてこれから見ていくように、世界にはいまもハーブをサラダ用野菜や香味用ハーブとして活用している地域がある）。

テオプラストスは、スベリヒユ（*Portulaca oleracea*）を「andrakhne」と呼び、調理用野菜としての効用に言及している。カルペパーは、スベリヒユをサラダによく入れられる野菜と書くのみで、それ以上の説明を省略している。スベリヒユはいまでもときどきサラダや煮物に利用される。

酸味のあるスイバ（*Rumex* spp.）の新芽はスープの実になる。ピリッとした風味はシュウ酸が含まれているためで、成長した葉ほど酸味は強くなる。シュウ酸には魚の骨を柔らかくする効果があると言われている。そのためカワカマスを調理するときに、スイバをよく一緒に入れる（カワカマスの背中にはY字骨という骨が変則的に並んでいて取り除きにくいため）が、魚の体内にある骨に微量のシュウ酸が効くのかは疑問である。

クレソン（*Nasturtium officinale*）には、爽快な、ピリリとした苦味がある。属名のナストゥルティウム（*Nasturtium*）は、「鼻を曲げる」という意味のラテン語に由来する。私たちが「ナスタチウム（キンレンカ）」と呼んでいる食用花はクレソンと種が異なる（*Tropaeolum majus*）が、フェネチル・イソシオチアネートという同じ辛み成分を含んでいる。ワサビやマスタードのピリッとした辛みもやはりこの成分が原因だ。こちらの「ナスタチウム」は、南米アンデス地方原産なので、プリニウスが知っていたはずはない。

ベルガモット（モナルダ *Monarda* spp.）は、一般に美しい花を観賞するために植えられるが、花と葉にはタイムの主要な風味成分であるチモールが含まれているため、タイムの代用にもなるし、ハーブティーにもなる。ただし、紅茶のアールグレイの香りづけに使われているベルガモットとは違う植物である。

こちらの「ベルガモット」(*Citrus aurantium* subs. *Bergamia*) はビターオレンジの一種で、乾燥させた皮は、アルトファーター、アマレット、ジン、グラン・マルニエなど多くの蒸留酒の製造に利用されている。

ボリジ (*Borage officinalis*) は、今日あまり知られていないが、カルペパーは次のように勧めている。

> おもに強壮薬として用いられ、長患いで弱っている人に効く。疲弊している人の心の憂さを晴らし、気分を引き立てる。のぼせやすい人、しばしば情欲に悩まされる人にも効く。(36)

強壮薬は、今日でも気分を高揚させてくれるものだが、カルペパーが言っていたような医学的な意味でではない。たとえば、先に挙げたボリジは、現在ではアルコールの香りづけに利用されている(ボリジは、ピムスNo1［ジンベースのリキュールで、カクテルの材料としておもに利用される］の秘密の材料のひとつとも言われているが、ピムスNo1は「クールタンカード」と呼ばれることもあるので、この噂はかなり信憑性が高い［冷たいワインをタンカード(ビアマグ)で飲むときにボリジの葉を入れる習慣があった］)。ボリジにはキュウリのような風味がある。ピムスのカクテルには通常キュウリのスライスが添えられている。

バーネット（オランダワレモコウ *Poterium sanguisorba*）は南ヨーロッパ原産で、「サラダバーネット」と呼ばれるように、かつてはサラダによく入れられていた。ボリジのように、キュウリに似た香りがあるが、葉は、ザラザラしたボリジの葉に比べて繊細でよい飾りになる。

とはいえ、ボリジは、イタリア各地のラビオリ（ノヴァーラのアニョロッティ、ピエモンテのマンディーリ・ンベルソイ、リグーリアのゼンビ・ダルズィッロ）の詰め物になったり、緑の手打ちパスタ（ロンバルディア州のバルデーレ・コイ・モライ、ピエモンテ州のコルツェッティ、リグーリア州のタリオリーニ、ピカッジェ、チョチャリア地方のストラッチ）の着色に利用されている。

キャットニップ（イヌハッカ *Nepeta cataria*）は、古代には医薬用ハーブとして知られ、15世紀になる頃には、スープやシチューの香味用ハーブとして栽培されていた。18世紀になっても、イギリスでは薬味やソースの材料として用いられていた。キャットニップ［英語名は「猫が噛む草」という意味］は、猫に大人気のハーブだが、楽しみ方はそれぞれである。おおっぴらに楽しむ猫、こっそり楽しむ猫、邪魔されようものなら命がけで抵抗するであろう猫もいる。ほとんどの猫が乾燥させたものをより好む。ネペタラクトンという猫を興奮させる成分が濃縮されるからだろう。猫たちは、キャットニップが生えた空地に寝そべり陶然としながらこの草を噛んでいる。

大プリニウスは、『博物誌』第19章で、チコリー（*Cichorium intybus*）とレタス（*Lactuca* spp.）に言及している。古代ローマの詩人ホラティウスとウェルギリウスも、サラダ用野菜としてレタスに言及している。レタスはエジプトでは野生種と栽培種があり、セリスと呼ばれていると言ってい

キャットニップ。公園は人間の楽しみのためだけにあるのではない。

る。

紫種のレタスは「アステュティダ（「制淫の」などの意）とか、エウヌウケイオン（「去勢の」などの意）として知られ、とくに性愛を抑制する効果がある」と述べてもいる。[37] すなわち、レタスには催淫薬と反対の効果があった（こうした主張のせいで、レタスはあまり人気が出なかったのかもしれない）。

ラディッキオはチコリーの一種で、サラダの素材として人気があり、煮込み料理にも使われる。ラディッキオ（radicchio）というイタリア語名は、根という意味のラテン語「radix」の指小語［ある語について、それよりさらに小さいこと、また可愛らしいことなどを表わす言葉］だ（チコリー、タンポポ、レタスなど、地中海原産の苦味のある野菜には、頑丈な主根をもつものが多い）。「エンダイブ endive」はアラビア語の hindeb、「チコリー chicory」は同じく schikhrieh から派生した言葉。カルペパーは、チコリーに一言も触れていない。

タンポポ（*Taraxacum officinale* ssp. *officinale*）の若い葉は、早春のおいしいサラダの材料である。成長した葉は香味野菜になり、乾燥させた根をローストしたものはコーヒーの代用になる（チコリーの根も同様に利用できる）。タンポポの花を使った伝統的なお酒もある。ギリシアでは、アマランサス、タンポポ、カラシナ、イラクサなど、野生の食用ハーブを総称してホルタと呼ぶ。メキシコではケリテと呼んでいる。

◉ハーブガーデン

プリニウスによると、「平穏な人生の探究者であったエピクロス［紀元前341～270年。古代ギリシアの哲学者］が、アテナイにはじめて庭園をつくった。それまで、都市の中で田園生活を送るという習慣はなかった」そうだ。(38) プリニウスの言う庭園とは菜園と花園だが、ハーブはどちらの庭にも植えられていた。いまのようなハーブガーデンが登場しはじめたのは中世の終わり頃で、本草書が人気になった時期と重なっている。中世からルネサンス期のハーブガーデンの設計に影響を与えた古代の作家には、他に、『農業論 *De Agri Cultura*』を著した大カトー［共和政ローマ期の政治家］、『農業論 *De Re Ristica*』のコルメラ［1世紀のローマ帝政期の作家］、『薬物誌 *De Materia Medica*』の

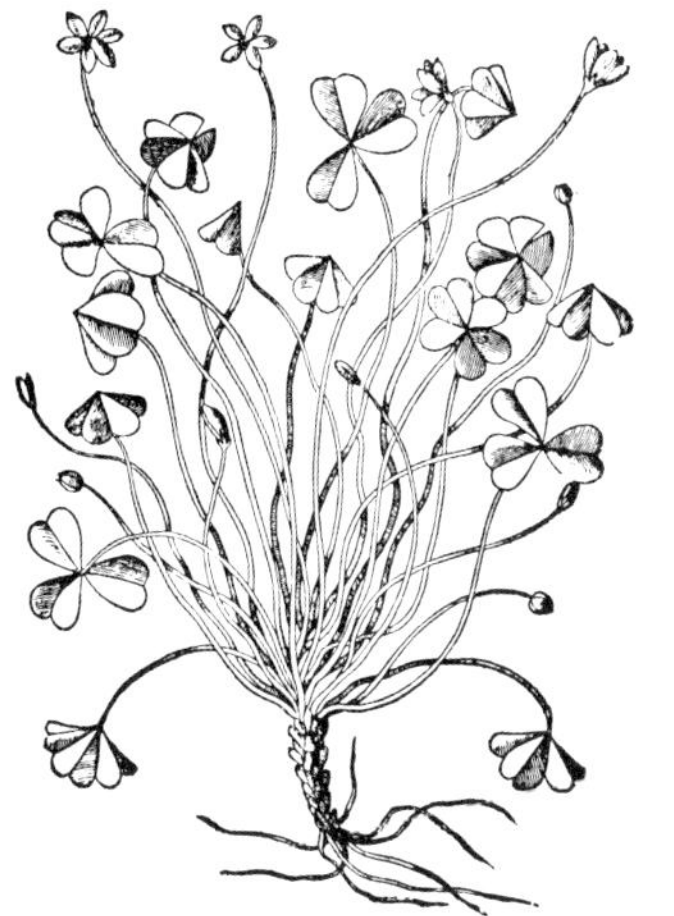

オキザリス（*Oxalis* spp.）P. A. マッティオーリ訳『ペダニウス・ディオスコリデス「薬物誌」注釈』（1565年）。木版画。

「ハーブを集める薬師の助手」。アプレイウス・プラトニクス『本草書』(1200年頃)。

ディオスコリデス、『農事論 *Opus Agriculturae*』のパラディウス［4世紀頃に活躍したローマの農学者］、『農業論 *Rerum Rustiarum*』のウァロ［紀元前116～27。共和政ローマ期の学者、政治家］らがいる。

795年頃、フランク王国のカール大帝（シャルルマーニュ）が勅許状を発布した。これは、王領地の万事の管理方法を明文化したもので、御料地令の第70条には、大帝が王領の庭で栽培されることを望んだハーブや果樹が列挙されている。料理用のハーブとして挙げられているのは、サザンウッド（*Artemisia abrotanum*）、ヤマホウレンソウ（*Atriplex hortensis*）、ボールドマネー（*Meum athamantium*）、アニス（*Pimpinella anisum*）、ディル、チャービル、クミン（*Cuminum cyminum*）、コリアンダー、コストマリー（*Tanacetum balsamita*）、ディタニー（*Origanum dictamnus*）、シマセンブリの一種（*Centaurium erythrae*）、フェンネル、フェヌグリーク（*Trigonella foenum-graecum*）、チコリー、ラヴィッジ、マロー、ヨウシュハッカ（*Mentha arvensis*）、アップルミント（マルバハッカ *M. suaveolens*）、クレソン、キャットニップ、アレキサンダーズ（ホースパセリ *Smyrnium olustrum*）、ゴボウ（*Arctium lappa*）、ペニーロイヤル、パセリ、ローズマリー、ルー、セージ、セイボリー、クラリセージ（*Salvia sclarea*）、マスタード、ウォーターミント（*M. aquatica*）、タンジー、オウシュウサイシン（ワイルドジンジャー *Asarum europaeum*）などである。格子状に整然と設計された庭園には、薬用ハーブや実用的なハーブ（セイヨウアカネ *Rubia tinctorum* など）も植えるように命じられている。[39]

9世紀、スイス東部ザンクト・ガレンのベネディクト会修道院で、修道院を建てなおすための設

「中世のハーブガーデン」。ヒエロニムス・ブルンシュヴィヒ『実用蒸留法』(1500年)。木版画。

計図が作成された（ただし実現には至らなかった）。設計図には菜園と薬草園も書かれている。整然と並んだ菜園の立ち上げ花壇［庭の平面にレンガなどで土留めの縁を作り、中に盛り土をした花壇］には、チャービル、コリアンダー、ディル、レタス、パセリ、セイボリーが、薬草園には、ラヴィッジ、ペニーロイヤル、ペパーミント、ルー、セージ、セイボリー、クレソンが植えられる予定だった。

13世紀末、ドイツの神学者アルベルトゥス・マグヌスは、庭園の縁に香りのよいハーブを植えるように勧め、こうした場所があれば「頭をすっきりさせたいときに、腰を下ろして快適に休息できる」と言っている[40]。

15世紀に出版された荘園管理の指南書、ピエトロ・デ・クレシェンツィの『田園の恩恵の書 *Libre Ruralium Commodorum*』にはハーブガーデンの絵が載っている。こうした郊外の地所は、都市にはびこるペストなど、疫病からの避難所と考えられていた。

ボッカッチョの『デカメロン』もフィレンツェ郊外の田園地帯が舞台である。実際、同時代に設計された庭園はデカメロンの描写を下敷きにしたものも多かった。こうした庭園は、ヨーロッパで早くも姿を消しつつあった自然を高度に様式化して復元した、いわば失われた楽園のミニチュアだった。確かに、ザンクト・ガレン修道院の設計図には、教会用の切り花を栽培する庭のところに「楽園」の文字が見られる。

ルネサンス期に入ると（イギリスではエリザベス1世の時代以降）、手入れが楽な格子状の菜園

ジェラードの『本草書』の扉（複数の版で使用されている）。枠飾りの中にシンプルな長方形の立ち上げ花壇が描かれている。

や立ち上げ花壇に変わって、より装飾性の高い設計が好まれるようになった。とくに、結び目（ノット）模様や、さらに複雑な幾何学模様を植物で表現した庭が登場するようになった。多くの庭では花壇の間に鮮やかな色の小石が敷き詰められ、きっちり刈り込んだツゲやローズマリーの生垣によって囲われていた。

美しいノット・ガーデン［結び目模様が特徴的な庭］はいまも、イギリスでは、アントニーハウス（コーンウォール）、ハットフィールドハウス（ハートフォードシャー）、セント・ファーガンス（サウス・ウェールズ）、ノウル（ソリフル）、レッドロッジ博物館（ブリストル）、アメリカでは、アレクサンドラ・ヒックス・ハーブ・ノット・ガーデン（ミシガン大学）、ブルックリン植物園、クリーブランド植物園（オハイオ州）、ニュージーランドでは、ダニーデインのアンザック・スクエアなどで鑑賞できる。

壁に囲まれた庭は、ホルトゥス・コンクルスス「閉じられた庭」と呼ばれるようになった。ボッカッチョの『デカメロン』には、15世紀中頃のイタリアの、壁に囲まれた庭の描写が出てくる。こうした庭にはよく古代の彫刻（もしくはその複製）や廃墟の一部が飾られた。18世紀にイギリスやフランスの庭園で建造されるようになった「フォリー」（フランス語では「ファブリキ」という「ローマの神殿や中国の寺院などを模した、実用性のない装飾用建造物」）の前身だった。ムーア人の影響を受けた意匠も見受けられる。

当時西ヨーロッパでは、イスラム圏の図書館に保存されていた古代ギリシア・ローマ時代の文学、哲学、科学の再評価がはじまっていた。スペインのアルハンブラ宮殿の庭園に代表されるイスラム

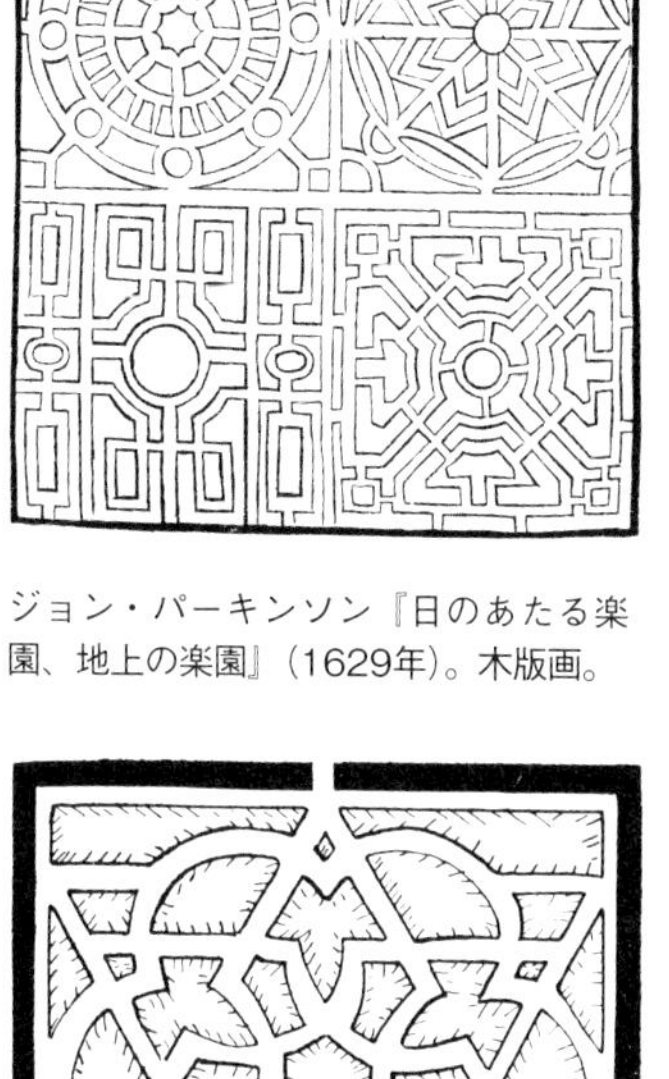

ジョン・パーキンソン『日のあたる楽園、地上の楽園』（1629年）。木版画。

ノットガーデンの設計図。ウィリアム・ローソン『田舎の主婦の庭』（1618年）より。木版画。

風庭園は、ローマ式の格子状に設計された沈床花壇［花壇の位置を周囲より60～80センチメートル低く設け、見下ろすようにした花壇］が特徴的で、乾燥した気候では水やりに便利がいい。

18世紀のハーブガーデンの中にはいまも保存されている（もしくは再現された）ものがある。アメリカ、ニュージャージー州の近代的な都市カムデン近郊にあるポモナホールは、植民地時代に建てられた歴史的建造物［個人の邸宅跡］だが、赤い煉瓦の小道の両側に、ガーリック・チャイブ、レモン・バーム、ラムズイヤー（*Stays* spp.）、ラベンダー、ラヴィッジ、ミント、ローズマリー、セージ、タイム、ヤローなどおなじみのハーブが植えられている。18世紀にヨーロッパから運ばれてきたものだろう。

◉イギリスの庭園のハーブ

大航海時代に続き、ヨーロッパ諸国が世界各地で植民地政策を推し進めた時代には、帝国の辺境から運ばれてきためずらしい外来種がハーブガーデンに仲間入りするようになった。とくに、ビクトリア朝時代のイギリス人は、モンステラ・デリシオサやさまざまな種類のヤシなど、巨大で、しばしば不気味な熱帯の植物で家をいっぱいにするのを好んだ。こうした観葉植物は、ビクトリア朝時代の家の壁に飾られていた外国の動物の頭部と同じで、いずれも、太陽の沈まない国と言われるまでに領土を拡大した大英帝国の覇権を賛美するものだった。

その後、ビクトリア時代風の過剰さはそっぽを向かれるようになり、古風なスタイルが好まれる

イザベル・フォレスト「6月、エドワード朝のハーブ・ボーダー」[エドワード朝とは1901〜10年]（水彩）。左側、後方から手前に向かって、キャラウェイ、タラゴン、ルー、ミント、パセリ、セージ、タイム、パープル・セージ、チャイブ、タイム。右側、同様に、レモンバーム、ソレル（スイバ）、ボリジ、カモミール、アルカンナ（*Anchusa officinalis* 別名ダイヤーズ・ビューグロス）、ポットマリーゴールド（キンセンカ）。

ようになると、ふたたび中世やルネサンス風の庭が出現するようになった。1927年から54年にかけて、詩人で作家のヴィタ・サックヴィル＝ウエストがつくったシシングハーストとロングバーンの庭園［シシングハーストはイギリス、ケント州にある庭園。イギリス全土でもっとも人気のある庭園のひとつ］は、中世・ルネサンス期の庭を下敷きにしつつも、草花の多様な色彩と質感のコントラストを現代人も堪能できるように、巧みに設計された庭である。サックヴィル＝ウエストは料理に関心がなかったので、台所の近くにハーブガーデンが設けられたのは、第二次世界大戦中の食糧不足の期間だけだったが、その手の込んだ美しいハーブガーデンには料理用のハーブもふんだんに植えられている。

ロングバーンの庭園には、バジル、ベルガ

「スミレ」（*Viola* spp.）ペーター・シェファー『健康の園』（1485年）。木版画。

モット、チコリー、ヒソップ、セージ、少なくとも2種類のラベンダー、マージョラム2種（ピンクの品種を含む）、ペパーミント、ルー、サザンウッド、スイートシスリー（*Myrrhis odorata*）、スイート・ウッドラフ、タラゴン、タイム、バーベナが植えられている。

シシングハーストの庭園ではさらに種類が増え、先に挙げた以外に、2種類のセージ、3種類のベルガモット、5種類のミント、7種類のタイム、さらに、カラミント（*Calamintha nepeta*）、グッド・キング・ヘンリー（*Chenopodium bonus-henricus*）、ホーハウンド、メリロート（*Mellitotus officinalis*）、オールドレディ（ヨモギマリティマ *Artemisia maritima*）、オールドマン（サザンウッド）といっためずらしい品種も植えられている。

サックヴィル＝ウエストは同時代の多くの人と同じく、造園家で園芸に関する著書もある、エレノア・シンクレア・ローデ［1881～1950］の影響を受けていた。ローデはハーブについて、『ハーブの園 *A Garden of Herbs*』（1920年）、『昔の遊園（プレジャーガーデン） *The Old World Pleasaunce*』（1925年）、『ハーブとハーブ園芸 *Herbs and Herb Gardening*』（1936年）、『料理用ハーブとサラダ用ハーブ *Culinary and Salad Herbs*』（1940年）といった本を書いている。『古のイギリスの薬草 *The Old English Herbals*』（1922年）では次のように述べている。

> イギリスではハーブに関する本は、8世紀の昔から熱心に読まれていました……「ドイツ人の使徒」と呼ばれる聖ボニファティウスはイギリスから手紙を受け取っています。手紙の書き手は聖ボニファティウスに、薬草に関する本を送ってくれるように頼み、自分たちがすでにもっている本に紹介されている外国のハーブを入手するのはむずかしいとこぼしています。ただし、こうした写本はいまではまったく残っていません。現存するもっとも古いものでも10世紀のものです。(41)

ハーブに関する最古の英語の本のひとつが、古英語に翻訳された『アプレイウス・プラトニクスの本草書』だ。

20世紀以降のイギリスをはじめとする世界各地でのハーブ園芸への関心の再燃に、ローデは貢献したかもしれない。とはいえローデ自身が言うように、イギリス人がはるか昔からハーブに関心をもち続けていたのはあきらかだ。現代のハーブ愛好家は、時間的にも空間的にも制約があるため、日当たりのよい窓辺で鉢植えのハーブを育てるのがやっとの人もいるだろう。それでも伝統は脈々と受け継がれている。

第3章◉ヨーロッパ以外のハーブ

アフリカ、アジア、オーストラリア、そしてアメリカ。これらの地域にはおなじみの面々とまったく違った固有のハーブがある。その中には、ヨーロッパでは見かけない種もある。また、いまのところヨーロッパ市場での需要がそれほどないため、輸出が合法化されていないものもある（ただし、新奇な食材への飽くなき欲望が国際市場を動かしているので、事情は変わる可能性がある）。こうしためずらしいハーブも、多くはヨーロッパのハーブと同じように活用されているが、その地域の料理がヨーロッパの料理とかなり違うため、じつに斬新な方法で調理されているものもある。

◉アフリカのハーブ

アフリカの料理人は、香味料としてハーブよりスパイスミックスを使う傾向がある（歴史をふり返ればわかるように、アフリカの料理人の多くはヨーロッパ系かアラブ系の末裔である）。アフリカ料理で香味料として使われるハーブはほとんどがヨーロッパ原産か、アメリカ大陸原産だ（例外は、カレーリーフ *Murraya koenigir*、カフィルライム *Citrus hystrix*、レモングラス *Cymbopogon citrates*。これらはいずれもアジア原産）。アフリカ原産のハーブは、香味料としてではなく、香味野菜として煮込んだり、お茶として煎じたりする場合が多い。

「香味野菜」とは、シチュー、スープ、煮込み料理など、汁気の多い料理の具材として調理される葉物野菜のこと。アフリカでは、食用の葉物野菜を総称してエフォと呼ぶ（メキシコのケリテに相当する）。こうした葉物野菜のおもな用途のひとつが、汁物料理のとろみづけである。バオバブ（*Adansonia digitata*）は、東アフリカや南アフリカでもよく見かける木だが、西アフリカでのみ食材として利用されている。

バオバブの葉は、そのまま野菜のように食べたり、スープやシチューに入れたり、粉末にして調味料や薬味に混ぜたりする。オクラのように、汁気の多い料理に入れるととろみが増し、デンプン質の主食にかけるうってつけのソースができる。

ハウサ人［ナイジェリア北西部からニジェール南部にかけて居住する、西アフリカ最大の民族集団］の、ダンワケという料理は、キャッサバ、トウガラシ、黒目豆（エンドウ豆）、ソルガム（モロコシ）、サツマイモを団子状にしてピーナッツ油で揚げ、バオバブの葉でとろみをつけたソースをからめたもの。(1)

エボロ（和名ベニバナボロギク *Crassocephalum crepidioides*、シエラレオネではボロギと呼ばれている）は、西アフリカに生えているひょろりと背の高い草で、葉や若芽は香味野菜として調理される。ラゴス・ボロギは違う植物だが、同じように食べられている。じつはウォーターリーフ（*Talinum fruitcosum*）である。

アマランサスの近縁種、ソコ（和名ケイトウ *Celosia argentea*）の若い葉は、ベナン、コンゴ、ナイジェリアでは香味野菜として利用されている。ナス、トウガラシ、タマネギ、そして魚か肉と一緒にデンデ油（パーム油）で炒めて食べる。[2] ナイジェリアのヨルバ人は、ソコヨコトと呼んでいる。

文字通り訳せば「夫の頬をバラ色に染める野菜」という意味になる。市場の女たちの間で交わされる皮肉な――ひょっとすると意味深な――ジョークだろう。[3]

アフリカで香味野菜として利用されている野生のハーブには、他にセンダングサ（スパニッシュニードル *Biden Pilosa*）がある。南米原産だが、現在では世界のほぼ全域に分布する雑草で、若い葉は中央アフリカと西アフリカで食用とされているが、東アフリカでは有毒な雑草と考えられている。ワサビノキ（モリンガ）（*Moringa oleifera* その他12種類のワサビ属）の若い葉はホウレンソウのように調理されるが、ぴりっと辛い根はすりおろしてホースラディッシュの代わりにする。

エグシは、西アフリカ名物のこってりとしたスープだ。フルーテッド・パンプキン（ヒダウリ *Telfairia occidentalis*）など、ウリ科の植物の種子でとろみをつける。フルーテッド・パンプキンの葉と新芽はウグと呼ばれ、西アフリカ全域で香味野菜として利用されている。アメリカのルイジアナ州にはガンボという郷土料理がある。こちらは、ササフラス（*Sassafras albidum*）の落ち葉と内皮を粉にしたフィレ・パウダーでとろみをつけるが、もとはと言えばアフリカから連れてこられた奴隷たちがエグシの代わりにつくりはじめた料理である。

モロヘイヤ（*Corchorus olitorius* モロヘイヤには、ブッシュオクラ、コンフリー——ヨーロッパの薬草コンフリー *Symphytum peregrinum* ではない——ジューズ・マロー、ナルタジュートなどたくさんの呼び名がある）は、生のものも、乾燥させたり冷凍させたりしたものも売られている。生の葉をスープやシチューに入れると、ガンボにオクラを入れたときのようなとろみが出る。ゆでると、やはりオクラのように筋張って粘りが増す。中東原産で、イスラム教の影響を受けたアフリカ諸地域、とくにエジプトでよく目にするが、日本やフィリピンでも人気がある。フィリピンではサルヨットと呼ばれている。

モロッコでやはりとろみづけに利用され、「モロヘイヤ」と呼ばれているが、いまのところ種が特定されていない無関係の植物がある。葉ではなく鞘（さや）を使う点ではオクラに似ている。おそらく、メッカで本物のモロヘイヤに遭遇した巡礼者によって名前と調理法が伝えられたのだろう。インドにもミサ・パクという、モロヘイヤか、モロヘイヤに似た植物がある。

アフリカでは、その料理がスープなのか、シチューなのか、ソースなのかを特定するのがむずかしい場合がある。「スープとソースとシチュー」は、独立したカテゴリーというより、もっと混沌としていて、さまざまな植物が、伝統的なフランス料理の乳化ベースソース（ブール・ブラン、オランデーズソース、マヨネーズなど）や、デンプンとろみソース（ブルーテソース、ベシャメルソースなど）のようにとろみづけに使われている。

バオバブの葉を乾燥させて粉末状にしたものをクカと言う。カダロ（kadaro）はクカを原料としたとろみのあるソース。チバチ（Tibati）も同様のソースで、豆にかけて食べる。ガーナ、リベリア、ナイジェリア、シエラレオネなど、西アフリカの国々で「パラバー・ソース」と呼ばれているシチュー（ソース）は、キャッサバ（*Manihot esculenta*）の葉でとろみをつけている。コンゴにはこれに似たポンドゥという煮込み料理がある。

キャッサバの原産地はブラジルの熱帯雨林で、ブラジルではおもに根菜として消費されている。キャッサバの根茎はアフリカでも消費されている（サハラ以南に住むアフリカの人々は、世界のどの地域の人々よりもキャッサバの根と塊茎から栄養を得ている）。

アフリカのハーブの中には、香味野菜としてだけでなくサラダ用ハーブとして利用されているものもある。たとえばタッセルフラワー（*Emilia coccinea* と *E. sonchifolia*）は、香味野菜としてもサラダとしても食べられている。このハーブは熱帯アジア原産だが、ガーナで広く栽培されている。

バナナ（*Musa* spp.）は東南アジア原産で、もっぱら果物として食べられているが、葉と花も調理に利用されている。サラダに入れられたり、香味野菜として調理されたり、とくに葉は食べ物を包むのに重宝されている（ただしこの使い方は、アフリカより南アジアやメキシコでよく見かける）。

ヤンリン（ワイルドレタス）［日本語のワイルドレタスとは異なる植物］（*Launaea taraxaciforia* もしくは *Sonchus taraxacifolius*）はエチオピア原産だが、赤道から北回帰線にかけてとタンザニアの掘り返された土壌に自生している。ナイジェリアでは、野生種より苦味が少ない栽培種が好まれている。若い葉をスープの実にしたり、サラダに入れたりする。

◉アフリカのハーブティー

ヨーロッパや他の地域と同じように、アフリカでもハーブを煎じたお茶（ハーブティー、もしくはティザン）がよく飲まれているが、社交の飲み物なのか、薬なのか、境界はあいまいだ。

カート（別名チャット *Catha edulis*）は、エチオピア、ソマリア、イエメン、ザンビアに自生する背の低い常緑樹で、葉を煎じて飲む。カチノン（アンフェタミン様の化合物）と、より穏やかなカチンが含まれているため覚醒効果がある。カチノンの濃度は若い葉ほど高い。中東のイスラエル、オマーン、イエメンでは合法だが、カナダとイギリスでは違法、アメリカではスケジュール1の規制薬物［あらゆる状況で使用が禁止されている薬物。マリファナやヘロインなどもこれに含まれる］とされている。

精神を活性させる効果があると言われるこの有名なハーブと——犯罪関係ではなく——植物学的につながりがあるのが、アフリカ・ワームウッド（*Artemisia afra*）だ。南アフリカ（アフリカーンス語［南アフリカ共和国の公用語。オランダ語に起源をもつ］）では wilde-als、南ソト語では zengana、

Of wormwode.

Absinthium is named in greke Apsinthion, because no beast will touch it for bitternes, & in English wormwode, because it killeth wormes, I suppose that it was ones called worme crout, for in some part of Fresland (from whence semeth a great part of our englysh tonge to haue come) it is so called euen vnto this daye: in duche wermut, in frenche aluine or absence.

VVormvuode Romane. Absinthium Ponticum Romæ natum.

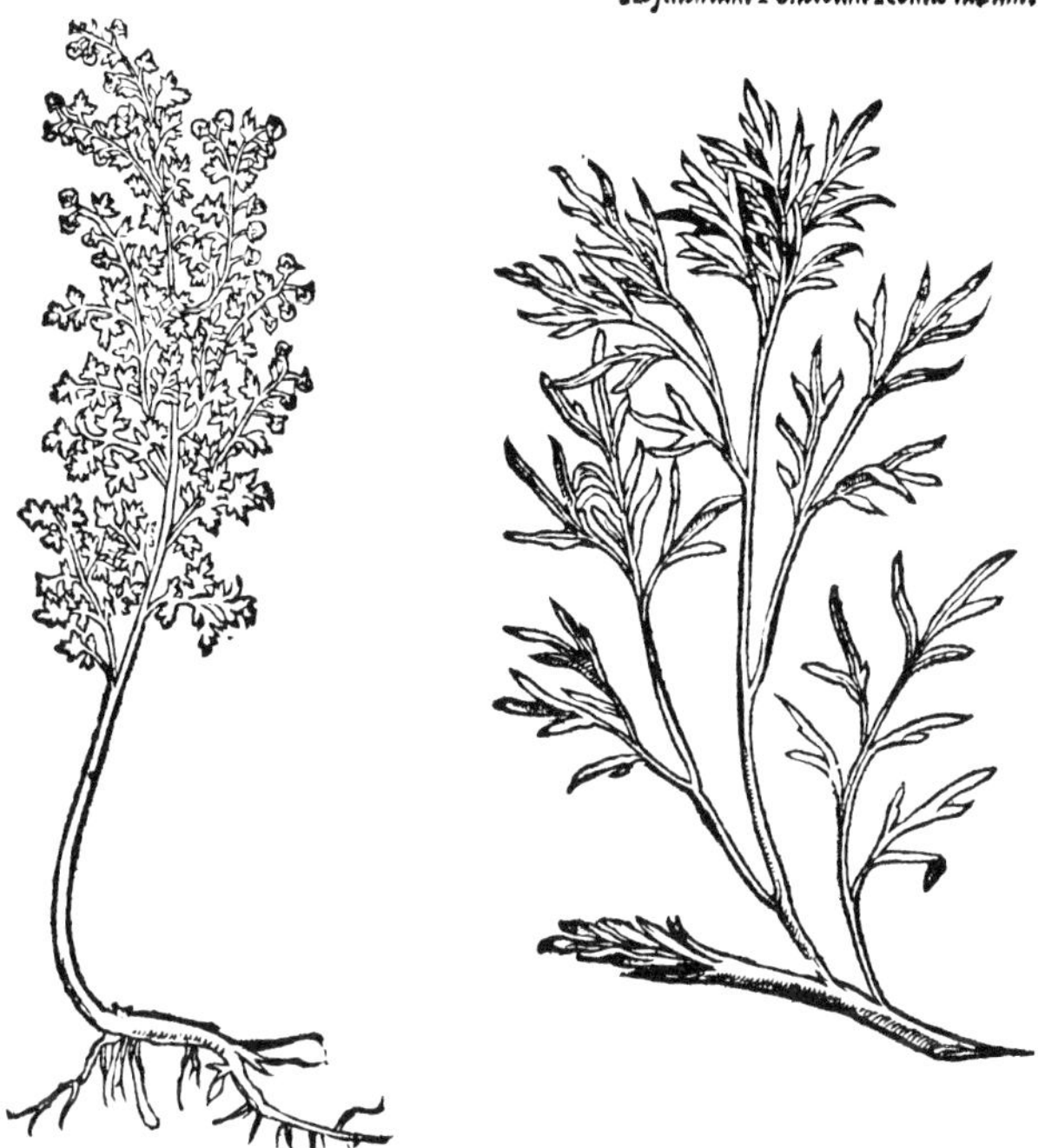

「ワームウッド」ウィリアム・ターナー『新本草書』(1551年)。木版画。

コサ語では umhlonyane、ズールー語では mhlonyane、ツワナ語では lengana と呼ばれている。ヨーロッパのもっと苦い近縁種はアブサンの原料とされ、ハーブティーとして煎じて飲まれることもある。南アフリカ原産だが、はるか北のエチオピアまで分布している。アメリカ西部に自生するヤマヨモギ（*A. tridentata*）とよく似ている。

モロヘイヤの葉を乾燥させたハーブティーもある。乾燥させると独特の粘りが消えるらしい。

ハニーブッシュ（*Cyclopia genistoides*、*C. ingermedia*、*C. sessiliflora*、*C. subternata*）の葉は、細かくきざんで、湿らせ、醱酵させてから乾燥させる。工程は紅茶（*Camerllia sinensis*）とよく似ているが、ハニーブッシュのお茶はノンカフェイン、低タンニンで、アフリカ以外の地域でも、お茶愛好家たちの間で人気が出はじめている。

とはいえ、アフリカ産でもっとも有名なハーブティーはルイボスティーだ（ルイボス *Aspalathus linearis* はアフリカーンス語で「赤い灌木」という意味）。この葉も湿らせてから乾燥させると、酸化して独特の赤茶色になる。南アフリカでは、とても濃く淹れたものはエスプレッソの一種と考えられている。かつてはアフリカ南部に住むサン人やコイコイ人によって採集され、カフェインが含まれていない、紅茶の代用品として西洋に紹介された。当初はカフフリー［フェイクインスタントコーヒー］として販売された。現在も多数の製品に入れられている。

化学成分的にも地理的にも方向性が正反対のハーブが、南米産のガラナ（*Paullinia cupana*）だ。ガラナには多量のカフェインが含まれている。そのため、市販の多数の「栄養ドリンク」に入れら

紫バジル（*Ocimum basilicum*）。酢に漬けると、クローブの香りの、深紫色のハーブ・ビネガーができる。

れている。ルイボスティーは、「赤い灌木」という名前にも関わらず、アフリカでもっとも赤いハーブティーではない。野生のローゼル（*Hibiscus sabdariffa*）の花は、ガーナやナイジェリアのビサップやゾボなどの冷たい飲み物や、アフリカ中のお茶の風味をよくし、鮮やかな紅色に染める。

アフリカにも、数は少ないが、伝統的なヨーロッパ料理のように、もっぱら香味料として利用されているハーブがある。

ティー・ブッシュ（*Ocimum gratissimum* 皮肉にも、お茶として飲まれることはない）［クローブ・バジル］と、パートミンガー（*O.canum* ナイジェリアではカレーリーフと呼ばれている）は、シソ科の人気のハーブ。ヨーロッパでおなじみのマージョラム、オレガノ、ローズマリー、セージ、タイムといったシソ科のハーブも、ほとんどがナイジェリアで利用されている。ただし、こうしたバジルの近縁種を市場で探す人はいない。種から簡単に育てられるし、近所に自生しているものを気軽に摘むこともできる。

これらの生の葉は、ニジェール・デルタのピリッと辛いペッパースープの風味づけに用いられている。ナイジェリア西部のクワラ州では、エグシに香味野菜として加えて舌を刺す樹脂のような風味を足す場合もある。他の地域ではサラダとして生で食べられている。

レモングラス（*Cymbepogon citratus*）は、ヨルバ語で koko oba、イボ語では achara ehi または akwukuo、エフィク語では ikonti、イビビオ語では myoyaka と呼ばれている。お茶やペッパースープの風味づけにも、香味野菜にもなる。

フェヌグリークの乾燥させた葉は、調味料にも薬味にもなるエチオピアのベルベレ・ペーストという有名なスパイスミックスに入れられる場合もある。ドウシイ（パオパオ *Afzelia bella*）の葉は、醱酵させてヤムイモの味つけに使う。ドウシイはイボ語で ule ule と言う。

キク科の仲間であるビター・オルブリーフ（ビターリーフ *Vernonia amygdalina*）は、ナイジェリアのクロスリバー州では Etidor、ベナンでは Oriwo と呼ばれている。アフリカの他の地域では、ヨルバ語で Ewuro、イボ語では Olubu または Onubu。温帯では、一般に、キク科の植物は一年生か多年生の草と考えられているが、熱帯アフリカでは、オルブリーフは高さ2メートルの灌木になる。

葉は、生のものも乾燥させたものも売られており、シチューに似たカメルーンの伝統料理ンドレに入れると甘辛い風味が際立ち、エグシに入れるとほろ苦い風味が増す。ナイジェリアではビールの苦味成分としてホップの代わりに使われている。近縁で同じように利用されている種が *Vernonia calvoana* と *V. colorata*。イボ語の Utazi-zi（*Crongronema ratifolia*）というハーブも、ナイジェリアでキク科ベルノニア属の仲間と同じように利用されている。

ゲショ（アフリカン・ドッグウッド *Rhamnus prinoides*）は、スワジランドでは LiNyene、南ソト語では mofifi と呼ばれている。アフリカーンス語を話す人々の間では blinkblaar、コサ人の間は umGlindi、ズールー人の間では umGilindi、uNyenue、umHinye。東アフリカのタッジというハチミツ酒は、ゲショの大きな枝、葉、あるいは小さな枝を漬けて味つけする（微妙に風味の違う酒になる）。ゲショを漬け込む時間の長さは、タッジの味、そして価格にも影響する。[4]

南アフリカでは、ゲショは魔術と関係していて、狩りを成功させたり、雷から守ってくれたり、邪悪な力が作物を害するのを予防したりすると信じられている。カートが入っているものもある。

ザタール（*Origanum cyriacum*）は中東原産のハーブで、モロッコ料理で広く利用されている。北アフリカのベドウィンたちも、ザタールで風味をつけたオリーブオイルにパンを浸して食べている。イスラム教の伝搬と共に中東から広まった伝統だ。

●アフリカの食の多様性

ナイル川やコンゴ川など、アフリカを流れる河川沿いの盆地に人類が定住して農耕を開始したのはいまからおよそ7000年前だが、当時どんな料理がつくられていたのかはほとんどわかっていない。古代エジプト人がヒエログリフを考えだし（そして未来の子孫に自分たちの生活に関する情報を残しておこうと思うようになって）、やっと私たちは彼らの料理を断片的ながらもうかがい知ることができるようになった。レシピやメニューは残されていないが、農耕法の描写は豊かで、多様な料理が存在したことを示唆している。メソポタミアのような文明が発達した近隣地域と広範な貿易を行なっていた事実からも、彼らの食生活の多様性がうかがえる。

古代エジプト人は、アメセト（ディル）やシャウ（コリアンダー）、マスタード、ローズマリー、ワイルド・マージョラムを利用していた。[5] 古代エジプトの宰相カゲムニ（紀元前2321～

2290年頃）は、「ハーブをほおばると心臓が強くなる」と言っている。(6)

東アフリカの料理は、土着の料理がペルシアやインドの移民の料理と融合してできあがったものだ。北アフリカの料理は、ヨーロッパに植民地化されるまでは、ベルベル人、フェニキア人、カルタゴ人、トルコ人らとの交易の影響を受けてきた。

一方、西アフリカの料理は、最初にアラブ人、次いでヨーロッパの植民者から受けた影響を色濃く残す。この地域には、ナッツの粉末でとろみをつける独特の半液体状の料理があるが、これはアラブ料理のテクニックで、ヨーロッパでも中世やルネサンスまでは一般的だった（その後デンプンとろみソースや、乳化ベースソースに取って代わられた）。

中央アフリカは外国からの影響をほとんど受けず、伝統的な料理がほぼそのまま継承されている。南アフリカはヨーロッパとアジアの影響を強く受けた。アフリカ最南端の地ではマレーシアからの移民が独自の料理を創造した。

彼らがつくったケープマレー料理は、かつては「クレオール」料理と呼ばれていたが、現在では「多国籍」料理と考えられている。先住民のコイサン族、オランダ人植民者、そして奴隷たち（ベンガル人、東アフリカ人、そしてもちろんインドネシア人）という多様な文化の食に対する考えが取り込まれている。代表的な料理は、ブレディ（肉、トマト、野菜の煮込み料理）、ボボティ（カレーで風味をつけたひき肉をキャセロールに入れて焼いた料理）、ソサティ（串焼き肉）である。

10世紀から16世紀のレオ・アフリカヌスにいたるアラブの初期の地理学者たちは、その見聞録でアフリカの食を紹介しているが、料理に使われているハーブにはほとんど触れていない。おもに取りあげているのは穀物の栽培や、肉と乳製品の製造についてで、ときおり野菜にも（モロヘイヤやバオバブなど）触れているだけだ。唯一取り上げられているハーブがシーで、12世紀の地理学者アル＝イドリースィーはこれをワームウッドだと言っている。[7] クローブやコショウのようなスパイスは、アラブ人たちがはじめてアフリカを訪れた頃にはすでに普及していた。

●アジア、太平洋地域のハーブ

アジア、太平洋地域では、ハーブはじつに多様な使われ方をしている。実際、その調理方法は地域ごとにかなり違うので、ひとくくりに説明しても意味がない。たとえば中国とベトナムは地理的には隣り合っているが、料理におけるハーブの位置づけにはかなり隔たりがある。

中国では、「ハーブ」が香味料やサラダに入っていることはまずない。中国の食材は乾燥させたものが多く、香味料として利用されるハーブはごく少ない。スパイスや豆などを醗酵させた調味料が多用されている。生のハーブ――香草（コリアンダー）の茎、細かくきざんだワケギやエシャロット（アサツキ）、ニラなど――はおもに薬味として使われる。

中国では、植物に火を通さず食卓に出すことはまずない。菜園の肥料に「夜の土」（人糞）を使っているからだろう。生野菜には包丁で丁寧に切り込みを入れて花の形の飾りをつくる。これらは食べ物ではなく、食べ物のための装飾と考えられている。

本書のテーマからはかなり外れるが、中国の漢方薬（ハーバル・メディシン）の「ハーブ」がハーブであることはきわめてまれである点にだけは触れておかなくてはなるまい。実際、原料に植物が入っていない場合さえある。漢方薬の中には、鉱物や、乾燥させたヘビの抜け殻やサイやシカの角など、動物の体の一部を配合したものもある。

これに対し、ベトナム料理はハーブを食材としてふんだんに利用する。料理人たちは豊富な種類の中からハーブを選び（その多くが、ベトナム以外の国ではほとんど知られていない）、たいていのハーブを生のまま利用する。香りの強いハーブは食卓の薬味にする。料理を食べる人が、自分で冷たい新鮮なレタスの葉で料理を巻き、好みに合わせてバジルやカンクア［コショウ科のハーブ］など、ピリッと辛い、もしくは香りのよい新鮮なハーブをはさむ。

ハーブの葉は、料理を巻いて食べるのが大好きな日本人にぴったりの食材だ。その代表例が寿司を巻くのに使う海苔やオオバだ。バナナの葉は、東南アジアでは蒸した米を巻くのに、インドでは料理を載せるお皿の代わりに使われている。

ラロット［タイ名チャプルー、和名ハイゴショウ］（*Piper sarmentosum*）は、南アジアで有名な噛む嗜好品キンマ（*S. betle*）の近縁種。ただしベトナムでは、中東の人々が料理を包むのに使うブドウの葉のようにラロットの葉で料理を包んだり、ボーサオーラロット［牛肉とラロットの炒めもの］のように炒めたりして食べる。

ベトナム、タイ、ラオスの食は、典型的な多国籍料理だ。この熱帯地域の食習慣は、他の文化と接触するたびに変化してきた。中国人、インド人、ヨーロッパ人植民者すべての影響が認められる（ベトナム料理はとくに多くの文化の洗礼を受けた。長い間フランスの植民地とされてきたからであり、その後のアメリカの存在が、いまもベトナムの食習慣に影響しているのは間違いない）。

中華料理はほとんどハーブを使わないが、アジアのその他の国々の料理では、ハーブの葉や花を利用する。日本人は宗教と呼べるほど自然を崇拝していて、それが食に反映されている。料理の飾りには、自然の美と静けさを喚起する工夫が凝らされている。つけ合わせのハーブは、舌だけでなく目も楽しませるように、料理の味と匂い、そして彩りを引き立たせている。

バジルはタイ料理には欠かせないハーブで、実際、ライムバジル（*O. americanum*）、タイバジル（*O. citriodorum*）、ホーリーバジル（*O. sanctum*）など多くのメボウキ属（*Ocimum*）が日常的に利用されている。西洋の料理におなじみのスイートバジルは言うまでもない。ベトナムでも、バジルはテーブルに薬味として用意されている。

ベトナムでは、クミンの（有名な）種子ではなく、葉と茎が生のまま食べられたり、つけ合わせにされたりしている。インドのグジャラート州には、メティと呼ばれる、フェヌグリークの葉を練り込んだ香りのよいパンがある。メティは、カレーやタンドーリ料理に使うマサラという香辛料にも入っている。

フェヌグリークの種子は、炒るとメープルのような甘い独特の香りを発する。カレー粉の主要成分でもある。蛇足ながら、カレー粉はインドのスパイスではない。これは、インド「カレー」の魂、

ホーリーバジル（*Ocimumi sanctum*）。タイ料理に用いられる3つのバジルのひとつ。

Phillipe de Noir（印刷業者）『健康の園』（1539年）扉。木版画。

マサラを再現しようとしたイギリス人植民者たちによってつくり出されたものだ。

西洋料理には、ベトナム料理のテーブルに載っているハーブに相当するものはない。ベトナム人は香りのよいハーブや、ときには非常に強烈な香りのハーブを、フォー（ベトナムの代表的な麺料理）にひとつかみ放り込んだり、料理をレタスの葉で巻いて食べたりする（アジア流ブリトーだ）。

数種類のバジルを、カンクア（*Peperomia pellucida*）というハーブと一緒に、もしくはカンクアの代わりに使うときもある。カンクアはベトナムのハーブで、またの名を「フィッシュミント」と言う。魚籠（びく）の修理に使うミントに似た匂いがあるからだ。

もうひとつの「フィッシュミント」、ジエプカー（ドクダミ *Houttuynia cordata*）は、酸味

シソ（*Perilla frustescens* var. *crispa f. purpurea*）はあっという間に庭中に広がる。

があり、コリアンダーを生臭くしたような匂いがする。この植物はベトナム料理以外にはめったに利用されないが、日本のドクダミはもっと柑橘（かんきつ）系のような香りがすると言われている。ベトナム人とあきらかに違う味覚をもつ西洋人に言わせれば、いずれも少々風変わりなハーブだ。

キン・ゾイ（ナギナタコウジュ *Elsholtzia ciliata*）はもっととっつきやすい。レモンのようなさわやかな香りがあり、ベトナム料理ではサラダや炒めものに入れられる。

シソ（*Perilla frutescens*）も、ベトナムの食卓に供される生のハーブのひとつで、ラオ・ティ・トーと呼ばれている。味はコリアンダーに似ていて、シナモン、レモン、ミントの風味もそこはかとなく感じられる。すべすべとした緑の葉（青ジソ）と、しわの寄った真紅の葉（赤ジソ）があり、どちらもアジア料理ではよく使われる（日本では、青ジソや赤ジソで寿司の彩りをよくする。赤いシソは、「梅干し」という小さな塩漬け「プラム」や、紅ショウガの着色にも利用されている）。日本では大葉と呼ばれることもある。

●アジアの香味料理

アジアでは多くのハーブが香味野菜として利用される。アメリカのように煮込む場合もあるが、炒めたり、蒸したりする場合もある。

インドネシアには、キャッサバ（通常はデンプン質の根で知られる）の葉をゆっくり煮込んで裏ごししたダウン・ウビ・トゥンブクという料理がある。トウガラシも一般的には葉物野菜と考えられていないが、フィリピンではトウガラシ属の植物の葉を香味野菜として炒めて食べる。トウガラシの葉に含まれるカプサイシンは比較的少ないので、鞘のように強烈に辛くはない。

インゲンマメ（*Lablab purpureus*）は、アジア熱帯地域、インド、インドネシア、マレーシア、パプアニューギニア、フィリピンで、もっぱらタンパク質を豊富に含む種子を収穫するために栽培されているが、葉や若芽（スプラウト）も香味野菜として調理されている。メリンジョ（グネモン *Gnetum gnemnon*）には英語名がないが、この熱帯の常緑高低木の新芽と葉はマレーシアやジャワ島では香味野菜として食されている。ジャワの伝統料理サユール・アッサム（タマリンド・ペーストで味つけした酸味のある野菜スープ）がとくに有名だ。

ショクヨウギク（シュンギク *Chrysanthemum coronarium*）の葉や茎を、中国や日本では汁物の実にしたり、蒸したりして食べている。韓国では小さくきざんでチヂミに入れる。

アマメシバ（*Sauropus androgynus*）の花、葉、新芽は、ボルネオの日常的な食材である。新芽はとくに貴重とされ、ハワイや日本の最高級レストランに販売するために栽培されている（現在はハワイでも栽培されている）。生のままでも、さっと炒めてもいい。「トロピカル・アスパラガス」と呼ばれるが、食材としての可能性から言えばミスマッチなネーミングだ。アマメシバの原産地は東南アジアの低地の熱帯雨林である［現在日本ではアマメシバを乾燥粉末にした健康食品による健康被害が問題になっている］。

ミツバ（ジャパニーズ・パセリ *Cyptotaenia japonica, C.canadensis*）は、葉が3つにわかれている。葉や茎は天ぷらにしてもいい、お吸い物や鍋物の実にもなる。生のものも湯通ししたものも、セロリとスイバを足して2で割ったような風味がある。

ワサビノキは、葉も根も香味野菜や香辛料として、アフリカから、南アジア、太平洋の西の島々にかけて、広い地域で利用されている。ワサビノキの若い葉はとても小さいため、フィリピンではきざんだホウレンソウのように調理される。

ウォーター・スピナッチ（水ホウレンソウ、空芯菜(くうしんさい) *Ipomoea aquatica*）は、ホウレンソウとはまったく関係ないが、日本、韓国、インドネシア、タイでもホウレンソウの代用として人気がある。通常は香味野菜として調理されるが、サラダとして生でも食べられる。

中国以外のアジアの国々では、たくさんのハーブをサラダとして利用している。ウォーター・セロリ（*Oenanthe javanica*、*O.stolonifera*、和名セリ、中国語ではスイキン、タイ語でパクチーナム、ベトナム語でラゥ・カン）は、アジアおよびオーストラリア原産で、つけ合わせやサラダとして、とくに成長した葉は香味野菜として利用されている。ウォーター・ペッパー（ヤナギタデ *Polygonum hydropiperoides*）の若い葉は生のままか、キムチに似たベトナムの漬け物ズアカイに入れて食べる。ルッコラのような味で、コリアンダーの風味もかすかに感じられる。

ここまで紹介した香味野菜の他に、ヨーロッパでは通常食用と考えられていない植物の部位を使った料理もある。たとえば、東南アジア、とくにラオス、ベトナム、タイではバナナの花をサラダに入れて食べる。

◉チャノキ

アジア以外の地域では、薬として、またお茶やコーヒーの代用としてハーブティーが淹れられてきたが、アジアでは古くから本物のチャノキ（*Camellia sinensis*）の葉が利用できた。チャノキの原産地、ヒマラヤ山脈の斜面で最初に茶が淹れられたとき、茶葉は、茶以外のハーブ、マトンなどの脂身、野菜、塩やヤクのバターまで入った栄養たっぷりの飲み物の一成分だった。

お茶に入れられるものの長いリストはその後、砂糖、ミルク、レモン、ハチミツにまで縮まったが、ジャスミン（*Jasminum* spp.）やキク（*Chrysanthemum* spp.）の花びらのような、香りのよいものを茶葉に足したフレーバーティーや、先に紹介したハーブの「お茶」もある。

ロシアには、何種類かのハーブを浸して香りをつけたナストイカというウォッカがある。バニラの香りが個性的な、ちょっと変わったナストイカには、バッファローグラス（ズブロッカ草 *Hierchloe odorata*）が入っている。

●さまざまな香味料

アジアの人々は、ヨーロッパ人にはおなじみの方法で、つまり香味料としてもハーブを利用している。中国人が使うハーブは、コリアンダー、ワケギ、ニラ（*Allium tureosum*）と、大多数の他のアジア人に比べて少ない。ニラには、ニンニクを弱くしたような香りがあり、麺、サラダ、スープ、餃子などに入れられる。

セロリ（*Apium graveolenus*）の原産地は、ヨーロッパとアジアの温帯地域。そのため、おそらく東南アジアには、東西両方の方角から運び込まれてきたのだろう。不思議なことに、セロリは東南アジアでは野菜としてではなく（西洋でよく見かける茎がニョキニョキ伸びた状態まで育てられることはあまりない）、おもにつけ合わせに利用されている。

カレーリーフ（*Murraya koenigii*）は、生のものも乾燥させたものも、何はさておきカレーの風味づけに用いられる。新鮮な葉は香りがよいが、多くのハーブと同じように、乾燥させると匂いは弱まる。東南アジア、南インド、スリランカが原産地。

カフィア・ライム（マクルートとも言う、和名コブミカン *Citrus hystrix*）の葉は、当然ながら新鮮なライムの果皮のような味がする。東南アジアとハワイで栽培されている。アラビア語の「カフィア」には、「異国の」、「不信心者」、「異教徒」という意味がある。12世紀以降この地域を訪れるようになったイスラム教徒たちの現地民に対する意識を反映しているのだろう。

サラムリーフ（ダウンサラム *Eugenia polyantha*）は、インドネシアベイリーフと呼ばれることもあるが、本物のベイリーフとは関係ない。熱帯の高木の葉で、インドネシアやスリナムの料理に、アニス、クローブ、レモンのような風味を足す。

先に触れたように、ベトナム料理ではたくさんの種類のハーブを使う。取り上げきれなかったものをいくつか紹介しよう。

ベトナムミント、（別名ダウンケソム、ラウラム［ラクサリーフとも呼ばれる］*Polygonum odoratum*）は芳香性のハーブ。コリアンダー、ユーカリ、レモンのような香りがする。バジルとミントの香りもかすかに感じられる。この葉は、東南アジア各地でカレー料理の風味づけに利用されている。ベトナムのキャベツの酢漬け（韓国のキムチのような醱酵食品）にもたいていダウンケソムが入っている。

紛らわしいことに、まったく関係のないラウフンカイ（*Mentha x gracilis*）という交雑種（こうざつしゅ）［ジンジャーミント］も「ベトナムミント」と呼ばれている。これも、ありふれた名前が引き起こす混乱の一例である。ラウフンカイは、あっという間に庭にはびこるので、園芸家は用心しなければならない。ベトナムではおなじみのハーブで、ペパーミントに似た味だが、少しマイルドで、自己主張もそれほど強くない。

ベトナムのハーブの多くは「バジル・ミント・コリアンダー」の系統だが、シソクサ（*Limnophillia chinensis*）は、「レモン・クミン・セロリ」系統の甘酸っぱい風味をベトナム料理に足す。もうひとつ、柑橘系の風味をもつ有名なハーブがレモングラス。タイ料理とベトナム料理には欠かせないハーブだ。レモンの果皮のようなさわやかな香りを料理に添えるが、本物のレモンの果汁よりも酸味は穏やかだ。

◉日本の〝海のハーブ〟

日本は、国土は狭いが広大な海に囲まれている。そのため、世界の他の地域ではあまり活用されていない種類の植物をたっぷりと収穫できる。それは海藻だ。海苔（*Porphyra* spp.）は、きざんで紙のように薄く漉いて、乾燥させて食べる。巻きずしを巻くおなじみの食材である。バナナの葉やトウモロコシの皮などと違って、海苔は食べられる（食べられる包みには、その他に中東で料理を包むのに使われる若いブドウの葉がある）。

じつに奇妙なことに、海苔が伝統的な食材とされている地域は他に一か所しかない。それは、アイリッシュ海をはさんで向かい合うアイルランド沿岸部とウェールズ沿岸部で、ウェールズには海苔を煮込んでペースト状にした「レイバーブレッド」という珍味がある。

海苔は紙のように加工されている。

ワカメ（コンブの仲間。*Undaria pinnatifida*）は、日本では野菜のように調理されている。日本人は、厚く硬いコンブ（*Laminaria japonica*）で出汁（だし）を取る。出汁は和食のベースとなるスープで、フランス料理のブイヨンにあたる。イギリスとスコットランドでは、コンブは健康に有害な雑草として禁止されている。ワカメは、フランス沿岸沖で輸出用に養殖されているが、海峡の向かい側のイギリスをはじめ他の地域では繁殖力が旺盛な侵入種と考えられている。

◉アメリカ大陸のハーブ

南北アメリカ大陸は驚くほど多様な気候と地形を誇る。それが莫大な数にのぼる固有種の進化を支えてきたのだろう。そして、植民地化され、世界のほぼすべての文化の移民を受け入れてきた結果、他に類を見ない豊かな食の伝統が花開いた。それは、アメリカには、じつに幅広い食用ハーブが生えているということも意味する。新大陸［ヨーロッパ人にとってのあたらしい大陸。新世界。狭義には南北アメリカを指し、広義にはオーストラリア等を含む］の多くの植物——豆、トウガラシ、チョコレート、トウモロコシ、ジャガイモ、トマト（これらはその一部にすぎない）——は、世界各地で定番の食材となった。しかしここでは、アメリカ大陸から世界の食卓にもたらされたいくつかのハーブに的を絞るとしよう。

ハーブは、アメリカでも世界の他の地域と同じように（ただし、先に述べたようにベトナムは例外である）利用されている。野菜のように、それだけでスープやシチューの具とされたり、生のままサラダとして食べられたり、お茶などの飲み物になったり、他の食べ物の包みや香味料としても利用され、ともすれば単調になりがちな料理に味と香りを加えている。

香味用ハーブやサラダ用ハーブとして利用されているのがアカザの仲間（*Chenopodium* spp.）だ。ホウレンソウの近縁で、葉の調理法はほとんど同じ。種子は、キヌア［アカザ属の植物。アンデスで食用に栽培されている］同様、疑似穀物（草の実ではない、穀物のような食べ物）として食べられている。

C. album（和名シロザ）はヨーロッパ原産だが、*C. berlandieri* は北米の在来種で、かつてはアラスカからメキシコまで、アメリカ先住民の食事に大きな割合を占めていた。どちらの種も温帯地域の荒地や道端などいたるところに自生している。庭の招かれざる客でもある。メキシコではどち

「ニンジン」（*Daucus carota*）。ヤーコブ・メイデンバッハ『健康の源』（1491年）。木版画。

らの種も香味野菜として利用されていて、ケリテスと総称されている。

ウォーターリーフ［ハゼランの仲間］（*Talinum triangulare*、*T. fruticosum*）、別名スリナムホウレンソウ（カリル、セイロンホウレンソウなど多数の名前をもつ）は、フロリダ、ハワイなど熱帯全域に生息している。ブラジルの主要作物でもある。スベリヒユやスイバのような酸味と、シュウ酸由来のえぐみがある。サラダとして食べられることが多い。

◉アメリカのハーブティー

ハーブティーの原料のひとつがイェルバ・マテ（*Ilex paraguariensis*）。マテ茶は南米でもっとも広く消費されているハーブ飲料で、カフェインがかなり含まれているため、興奮剤としても人気がある。マテという名前は、インカの人々が乾燥させたヒョウタンの実でつくっていた容器の名前に由来する。

もちろん、精神を活性化する飲み物はこれだけではない。コーヒーはそのままで、ガラナ（*Paullinia cupana*）はブラジルではソフトドリンクとして売られている。どちらも果実（豆）を煎じた飲み物でハーブではない。コカ（*Erythroxylum coca*）の葉は、アンデス山系の多くの国々で覚醒作用のある飲み物の原料になっている。ボリビア、ペルー、ベネズエラの3か国でのみ、じつは合法である。

エルダーベリー（セイヨウニワトコ *Sambucus nigra*）はイギリス植民地に運ばれてきた落葉低木植物だが、新大陸にはすでにもうひとつのニワトコ属（*S. canadensis*）が自生しており、いまでも湿気の多い空地、とくに田舎の道端に生い茂っている。葉は有毒だが、実と花に毒はない。

エルダーフラワーを漬け込んだシロップには、甘くさわやかな風味がある（ドイツではホルンダーと呼ばれている）。シロップは、炭酸水で割ってもいいし、シャンパンのカクテルやイチゴのコンポートの材料にもなる。エルダーフラワーを原料にしたサン・ジェルマンというリキュールもある。エルダーフラワーのワインとコーディアル（シロップ）はイギリスで非常に人気がある。昔は、「イギリスのブドウ」と呼ばれ、果実のワインやゼリーもあった。いまもイタリアのリキュール、サンブーカの原料だ。

リンデン（*Tilia* spp. シナノキ属［ボダイジュの仲間］）は、ヨーロッパ原産で、ほのかに甘いリ

エルダーベリー（アメリカニワトコ *Sambucus canadensis*）。エルダーベリーの花は、アメリカでは「ブロー」と呼ばれている。サン・ジェルマンというリキュールの原料になる。

ンデンフラワー・ティーは、ヨーロッパやロシアで親しまれている。ヨーロッパ以外で唯一このハーブティーがよく飲まれている地域がメキシコだ。これは、ヨーロッパ種（フユボダイジュ *T. cordata*）が広まったためではなく、メキシコにもともと固有種のリンデン（メキシコボダイジュ *T. mexicana*）が生えていたからだ。ヨーロッパとメキシコは、リンデンの花からおいしいお茶が淹れられることにそれぞれ独自に気づいたのだった。

メキシカンバーム（トロンヒル *Agastache mexicana*）は、アニスのような芳香があり、風味のよいハーブティーになる。ジャマイカでは、ローゼルの花を冷たい飲み物やハーブティーに入れて、きれいなピンク色の甘酸っぱい飲み物をつくる。ローゼルは、ジャマイカでは「ソレル」、メキシコでは「ジャマイカ」と呼ばれている。アフリカでもほぼ同じように利用されている。

ササフラスは、1602年、バーソロミュー・ゴズノルド［イギリス人探検家、私掠船船長］によってマサチューセッツ州沖の島で「発見」された。ゴズノルドはこの植物をお茶の材料、もしくはスープの香味料としてイギリスに持ち帰った（ササフラスはたしかに、ガンボというスープに入っているフィレパウダーの原料でもある）。

ササフラスは、ルートビア［アメリカ生まれのノンアルコール炭酸飲料］にウィンターグリーン［ツツジ科シラタマノキ属の常緑小低木］のようなさわやかな風味を与える。ウィンターグリーンの精油（サリチル酸メチル）は、ウィンターグリーン（*Gaultheria* spp.）そのものからはもちろん、カバノキ属（*Betula* spp.）からも抽出される。

ルートビアは、新大陸版の「ダンデライオン&バードック［タンポポとゴボウのエキスの入った飲み物］」（イギリス発祥のソフトドリンク。名前は原材料に由来するが、ルートビア同様、いまではほぼ人工の材料からつくられている）だ。ウィンターグリーンの葉はお茶として煎じられることもある（そのためティーベリーとも呼ばれる）。菓子、ガム、マウスウォッシュ、タバコ、歯磨き粉用の香料の原料でもある。

●料理を〝包む〟ハーブ

新大陸では、ハーブを料理の包みとしても利用している（タコスとブリトー、およびこれらを商品化した「ラップ［トルティーヤという薄い皮で野菜や肉を包んだサンドイッチ］」はここでは取り上げない。タコスやブリトーは、サンドイッチ、餃子、ラビオリといったデンプンで具を包んだ食べ物の仲間で、本書のテーマから外れるからだ）。

タマーリは、北米および中央アメリカの代表的なラップ・フードだ。一般に、トウモロコシの皮で具を包むものとされ（缶詰のものは、クッキングシートで包んである）、北メキシコではそうやってつくられている。リオ・グランデ川［北米の大河。一部がアメリカ南西部とメキシコの国境をなす］を越えた最初のメキシコ料理だ。いまでは移民のパターンも変わり、メキシコや中央アメリカ以外ではほとんど知られていなかった郷土料理も認知されるようになってきている。

メキシコ南部のオアハカ州では、トウモロコシの皮ではなくバナナの皮でタマーリを包む。そのため、オアハカのタマーリは、北メキシコのものより大きくて平べったい。逆に、生のアボカドの葉（*Persea americana* sub. *drymifolia*）で包むと、小さなタマーリができる。アボカドの葉は、新鮮なものでも乾燥させたものでもよい。豆料理、サルサ、サラダを包むと、ヘーゼルナッツやリコリスに似たほのかな風味が料理に移る。

香味料のクラントロ（別名ノコギリ・コリアンダー *Eryngium foetidum*）は、本物のコリアンダーの代用とされていることから、メキシカン・コリアンダーと呼ばれることもある。クラントロは熱帯地方の料理にひっぱりだこの食材で、クランテ（ハイチ）、ゴー・ガーイ（ベトナム）など、たくさんの名前がある。

エパソーテ（アリタソウ *Chenopodium ambrosioides*）は、北米の住人にとって、コリアンダーのようにしだいに癖になる味のひとつだ（はじめて食べた人はたいてい「灯油みたいな匂いがする！」と言う）。生のものも乾燥させたものも、豆料理や、ケサディージャ［トルティージャにチーズ、鶏肉、サルサソースなどをはさんで焼いた料理］によく入っている。

このハーブを食べていた人たちはかならずしも味に惹かれたわけではない。多くの人が、この草は寄生虫の駆除や、おなかの張りの予防に効くと信じていた。

大量の野菜を、とくに豆やキャベツの仲間のような、おなかにたまる野菜を大量に消費する文化には、かならずと言っていいほど、大昔からの悩みに対処する民間療法がある。たとえば、料理の方法を変える（水を何度も取り替える――水溶性のビタミンやミネラルを減らす効果しかない）といったものから、ハーブやスパイスを入れる（面白いことに、指定される香辛料はなぜかかならずその文化で人気の香辛料だ）、そしてさらに不可解で謎めいた儀式まで多岐に及ぶ。これらの民間療法は、人間がじつに楽観的な生きもので、証明不可能な経験則に信頼を寄せることをあきらかにしている(8)。

メキシカン・オレガノ（*Lippia graveolens*）は、メキシコで「オレガノ」と呼ばれる十数種類のクマツヅラ科植物のひとつ。利用法はオレガノとほぼ同じだ（味も香りもよく似ているが、メキシカン・オレガノのほうが本物より味が濃い）が、メキシコでは「国のお茶」と呼ばれ、ハーブティーとして飲まれてもいる（ただし実際には、ニカラグアからカリフォルニア州にかけて広く栽培されている）。

これとは別の科のメキシカン・オレガノ（*Poliomintha longiflora*）には、セージやワームウッドのような苦味と芳香がある。アメリカとメキシコの国境近くに住んでいたアメリカ先住民たちは、このハーブを料理に利用していた。

その他の固有種には、イエルバサンタ（*Eriodictyon californicum*）［白か紫の花をつける常緑低木］がある。北メキシコ、カリフォルニア州、オレゴン州原産だが、いまでは、はるか南のブラジルにも生えている。メキシコ料理やテクスメクス料理（メキシコ風アメリカ料理）にアニスとバルサミコ酢のような風味を与える。イエルバサンタの「フラバノン」という成分は、薬効のためではなく、他の薬の苦味を目立たなくするという理由で市販薬の成分にもなっている。

ネギ属（チャイブ、ニンニク、タマネギの仲間たち）の仲間は、世界のほぼすべての地域で香味料として活躍している。北米の在来種ワイルドリーキ（*A. tricocum*）は「ランプ」と呼ばれている。ランプは、アパラチア山脈のいたるところに生息している。最古の野生食用植物のひとつで、毎年春に開催される食の祭典の目玉になっている。香味野菜として、サラダとして、人気の郷土料理の味を引き立てる薬味として食べられている。

●オーストラリア、ニュージーランド、南太平洋のハーブ

近年、オーストラリアの野生のハーブ――「ブッシュ・ハーブ」――がかつてない人気を集めている。レストランや料理書に登場する回数も増え、オーストラリアから遠く離れた場所でも目にするようになってきた。他の地域と同様オーストラリアでも、ハーブは、香味野菜、サラダ野菜、料理の包み、ハーブティー、香味料として大活躍だ。

この地域を代表する香味野菜が、ニュージーランドホウレンソウ（和名ツルナ *Tetragonia tetragonioides*、*T.expansa*）だ。アルゼンチン、オーストラリア、チリ、日本、そしてニュージーランドに分布している。このハーブは、18世紀、キャプテン・クック［イギリスの海軍士官、海洋探検家］の日記にはじめて登場した。そのため「クックのキャベツ」と呼ばれることもある。クックは、

ホウレンソウが壊血病予防に有効であると気づき、クックに同行した植物学者ジョゼフ・バンクスがイギリスに種子を持ち帰った。若芽や若葉を調理するときは、えぐみの元であるシュウ酸をよく洗い流すとおいしく食べられる。ニュージーランドホウレンソウは東アジア全域に生息しているが、アメリカでは侵入植物とみなされている。

食べ物を包むのに適した葉をもつ唯一の在来種がパンダン、すなわちタコノキ（*Pandanus* spp.）だ。パンダンリーフは太平洋全域で、食べ物を包んだり、香りづけをしたりするのに重宝されている。バニラ、ヘーゼルナッツ、ココナッツのような甘い香りがあり、ゼリーやお米をエメラルドグリーンに着色する。

アカシア（*Acacia* spp.）はオーストラリアに広く分布し、ハーブティーとしてもよく飲まれているが、たまに料理の材料になることもある（たとえば、マジーワトル *A. spectabillis* の花をブランデーに漬け込み、衣をつけて油で揚げたおいしいおやつがある）。葉に含まれるタンニンからさわやかな苦味が生まれ、花には甘いスミレのような香りがある。

ホップの代わりに、ワトル（アカシア）のタンニンで苦味をつけたビールもある。アカシアの種子（とくにワトルシードと言う *A. decurrens*、*A. floribunda*、*A.longifolia* の種子）をローストすると、チョコレート、コーヒー、ヘーゼルナッツのような香りが放出される。

レモンマートル（*Baclipisia citriodora*）も、オーストラリアの「ブッシュ・ハーブ」のひとつで、ハーブティーの成分とされる。レモングラスやレモン・バーベナと同じように利用されるが、香りはレモンよりライムに近い。

ブッシュ・ハーブの多くはつけ合わせや香味料として利用されている。アニシードマートル［アニスマートル］（*Backhousia anisata*）には、リコリスのような風味があるが、同じ風味をもつ他のどの植物（アニス、フェンネル、リコリス *Glycyrrhiza glabra*、スターアニス *Illicium verum*）とも関係ない。アニシードマートルの葉を細かく砕いたものは、クリームやフルーツ（アプリコット、ナシなど）が入ったスイーツの飾りになる。

ブルーガム（*Eucalyptus globuluss*）は、タスマニア島原産のユーカリで、カユプテ（*Melaleuca leucadendra*）［別名ホワイトティーツリー。アジアでは古くから万能薬とされてきた］に似た香りがある。そのため、フェルディナンド・フォン・ミュラー［1825〜96。ドイツ生まれの医師、植物学者］は熱病予防にユーカリを活用するよう勧め、実際にユーカリは、19世紀に熱病対策のためにアルジェリアへ運ばれて大いに役立った――ただし、フォン・ミュラーが考えていた理由のためではない(9)。ユーカリの根は非常に効率よく水分を吸い上げるようにできている。そのため、熱病を媒介する蚊の温床になっていた湿地を楽々と干上がらせることができたのだ。

オーストラリアのユーカリのうち、少なくとも14種類が「ペパーミント」と呼ばれているが、ユーカリにメントールは含まれていない。ペパーミントよりさらに刺激的で、さわやかな風味がある。

レモンアスペン（*Acronychia acidula*）の葉は、グレープフルーツやライムに似た風味があるが、酸味はもっと穏やかだ。オーストラリア原産で、現在は太平洋諸島およびインドネシアにも見られる。

オーストラリアでは、ミントはかならずしもミントではない。ミント属以外の多くの植物にも「ミント」という名前がつけられているからだ。リバーミント（*M. australis*）は、オーストラリアの固有種である本物の7つのミントのひとつ。スペアミントそっくりで、空地などに自生しているが、すべてのミントと同様、庭に植えるとまたたくまに庭を占領する。ネイティブミント、いわゆるミントブッシュ（*Prostanthera* spp.）は、ミント属の仲間ではない。これも、ありふれた名前がだぶって用いられる例のひとつ。

オーストラリアでは、ペパーミントの香りがするユーカリも、多くが「ネイティブミント」と呼ばれている。プロスタンテラ［ミントブッシュのひとつ］は、ミントと同じシソ科の植物で、ミント属と似た特徴がある。これらのハーブはみなアボリジニの食事に（もちろんその他の人々の食事にも）ミントのようなさわやかな風味を加える。

オーストラリア原産のミントの仲間には、他にラウンドリーフ・ミントブッシュ（*P. rotundifolia*）、スノーウィー・ミントブッシュ（*P. nivea*）、ビクトリアン・クリスマス・ブッシュ（*P. lasianthos*）などがある。

オーストラリア原産のコショウ［日本ではマウンテン・ペッパー、もしくはタスマニア・ペッパーと呼ばれている］（*Drimy lanceolata*）がコショウの代用とされているのは不思議ではないが、こちらは深紫色の実だけでなく葉も利用されている。マウンテン・ペッパーは一般的なコショウ（*Piper nigrum*）よりも辛いが、後からじわっと効いてくる辛さだ。実を使うとホワイトソースが淡い紫色に染まってしまうので、それを避けたいときは葉を使うとよい。長時間加熱すると風味が飛ぶので、調理の仕上げにさっとかける。近縁種にドリゴペッパー（*Tasmanian stipitata*）、ペッパーツリー（*T. insipida*）がある。

言うまでもなく、人類は有史以前から、風味豊かな草の価値を認めていた。そして、こうした草を山野で探すだけでは飽き足らず、ハーブガーデンに慎重に移植し、地球の反対側へわざわざ運んでいった。一方の草も、当初の住処（すみか）であった岩がちな斜面に留まるには飽き足らず、あちらこちらへ移動するホモサピエンスの習性に便乗し、あるときは旅の喜ばしい道連れとして、またあるときは密航者として世界各地に散らばっていったのである。

第4章◉旅をするハーブ

ハーブは、人の貿易や移民に便乗して世界中に広まった。その中には、人類の歴史が記録に留められるよりはるか昔に、人の助けを借りて旧世界（ヨーロッパ、アジア、アフリカ）を移動したものもある。植物のＤＮＡにきざまれた歴史をたどることで、はじめてその事実が判明したケースもある。

たとえば、インドネシア料理の名前にもなっているインゲンマメは、長年東南アジア原産と考えられていたが、最近の研究により、野生原種はアフリカの熱帯地域からやってきたことがあきらかになった（インゲンマメはいまもその地域に自生している）。先見の明があった古代の旅人たちが、他の食料と一緒にインゲンマメの種子も運んできたらしい。じつに奇妙なことに、アジアでおなじみのこの食材は、原産地であるサハラ以南のアフリカでは、食べ物としてほとんど認知されていない。

ワイルドジンジャー（オウシュウサイシン）
Asarum europaeum
オットー・ブルンフェルス『本草写生図譜』（1530年）より。木版画。

◉北アメリカに来たハーブ

16世紀、イギリスの地理学者リチャード・ハクルートは、『アメリカならびに隣接する島々の発見に関係するさまざまな航海 *Divers Voyages Touching the Discovery of America and the Islands Adjacent*』（1582年）で、渡航者たちにウィリアム・ターナー［イギリスの植物学者］の『新本草書』（1551年）をもっていくように勧めている。[1]

その少し後に作成された植民者用の食料品リスト（1630年）には、必携スパイスが数種類（シナモン、クローブ、メース、ナツメグ、コショウ）記載されているが、ハーブは見当たらない。[2] 移民たちは、生活に必要なハーブの種子を、あらたな入植地に植えるためにあえて意識することもなく運んでいったのだろう。

1620年、アメリカに渡ったピルグリムファーザーズ［イギリスの清教徒］たちは、あらたな居住地を建設する土地を探しながら、新大陸に自生している有用な野生植物の最初の一覧を作成した。そこにはスイバ、クレソン、ヤローなどが記載されている。

1631年、最初の植民地プリマスの医師ジョン・ウィンスロップは、アレキサンダーズ（*Smyrnium olustratum*）、アンジェリカ、ボリジ、チャービル、クラリセージ、ヒソップ、パセリ、ローズマリー、セージ、タイムなど、48種類のハーブの種子を注文して160ポンド支払った（当時としては大金である）。医師は、シベナガムラサキ（*Echium vulgare*）、ドック、フランスギク（*Leucanthemum vulgare*）、ノヂシャ（*Valerianella locusta*）なども注文している。これらはたちまち野生化して、新大陸のいたるところで見かける雑草や「野の花」となった。

マサチューセッツ州セイラムは、プリマス植民地近郊に建設された、プリマスのいわば弟分にあたる町だった。1629年、この新共同体は、兄貴分のマサチューセッツ湾会社［マサチューセッツ湾植民地］に、種子、根茎、ブドウの木を大量に発注している。ホソバタイセイ（*Isatis tinctoria*）、セイヨウアカネ（*Rubia tinctorum*）など、染色用の実用的なハーブも注文されているが、ホップの根はあきらかに料理用だ。17世紀初頭、イギリスでは、苦味のあるハーブに代わってホップがビールづくりに使われるようになっていた。

ニューヨークのハドソンバレーに拠点を築いたオランダ人植民者たちも、イギリスからきた隣人たちのように、お気に入りの料理用ハーブ――チャイブ、マージョラム、パセリ、ローズマリー、サマー・セイボリー、タラゴン、タイム――を故郷から運んできた。

パセリは、ニューネーデルラントにかぎらず、アフリカ、カリブ海、東インド諸島など、世界各地のオランダ領でもっとも愛用されたハーブだったようだ。レシピに登場する回数はスパイスのほ

「リーキ」(*Allium porrum*)。イブン・ブトラーン『健康全書』(1380〜1400年頃)。

ベルガモット（*Monarda didyma*）。お客の蝶はクラルスギンモンセセリ。

うがはるかに多いが、『分別ある料理人 *De Verstandige Kock*』（1667年）には、セロリの葉やスイバのレシピが載っている。

遠く離れた植民地に故郷の味（そして正しい生活）を伝えるこうした本は、オランダ植民地の富裕層の間でよく読まれていたのだろう。現代の常識からは外れるが、『分別ある料理人』のレシピには、ボリジ（もしくはクラリセージか、シベナガムラサキ）の大きな葉を溶き卵に浸してから油で揚げ、砂糖をふりかける料理が載っている。この料理は、ハムなどの豚肉料理の副菜だった。(3)

さらに南のペンシルベニア植民地では、1765年、クエーカー教徒のジョン・バートラムがジョージ3世によって北米

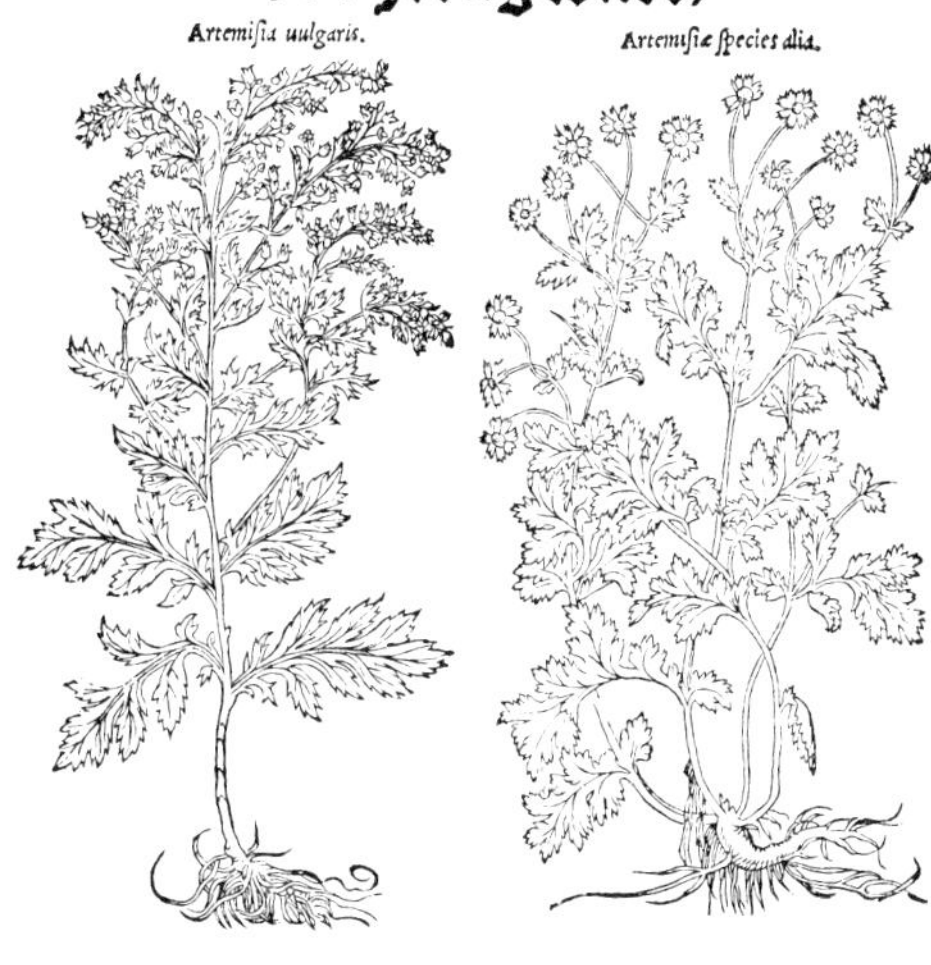

マグワート
Artemisia vulgaris
ウィリアム・ターナー『新本草書』(1551年)。木版画。

の王室植物学者に任ぜられた(4)。バートラムは、アメリカ土着の植物200種以上をイギリスへ送った。彼が発見して最初に栽培した野生の2種のハーブが、ブラックコホシュ(*Cimicifuga racemosa*)[キンポウゲ科。白い花を咲かせる。アメリカ先住民は黒い根を薬として利用していた]とオスウィーゴ、別名ベルガモット(松明花)(*Monarda didyma*)[シソ科。鮮赤色の筒状花を咲かせる。アメリカ先住民はこの葉の浸出液を愛飲していた]だ。

植物学者のリンネは、学歴もなく、素朴な農夫然としたこの人物を「世界でもっとも偉大な植物学者」と評している(5)。バートラムは、フィラデルフィア郊外の自宅から、南はフロリダ、北はオンタリオ湖、西はオハイオ川まではるばる遠征して調査採集を行なった(6)。

バートラムはアメリカに最初の植物園を設立した。その植物園は現在の植物園とはまったく趣が異なる

（現在の植物園の景観は、フレデリック・ロー・オルムステッドやカルバート・ヴォークス［19世紀後半の造園家と建築家。マンハッタンのセントラルパークなどを共同設計した］といった景観設計者の意見を取り入れ、バートラムの時代にはなかった建築学的、美学的見識に基づいて設計されている）。と言うのも、調査に役立てるために建てられたものだったからだ。アグリモニー（*Agrimonia eupatoria*）、バジル、ベイリーフ、ボリジ、キャットニップ、カモミール、チャイブ、コンフリー（ヒレハリソウ *Symphytum officinale*）、ディル、フェンネル、ジャーマンダー（*Teucrium chamaedrys*）、ホーハウンド、ヒソップ、ラベンダー、ラヴィッジ、マートル（ギンバイカ *Myrtus communis*）、ミント、セージ、ショウブ、スイート・ウッドラフ、タンジー、タラゴン、タイム、ヤローなどのハーブが植えられていた。

アメリカの植物分類学の創始者であるエイサ・グレイは、1830年代、ロンドンにあるリンネの植物標本室を訪れ、1世紀近く前にバートラムが収集したアメリカの植物の標本を見学している。現在、フィラデルフィア市内にあるバートラムの居宅跡には、当時の面影を留めたバートラムズ・ガーデンがある。

●雑草は雑草になる

バートラムは、友人の園芸家フィリップ・ミラー（1691～1777）に宛てた手紙で、庭にはびこる大量の雑草についてこぼしている。[7] 雑草はいまも昔も園芸家たちの悩みの種だ。バートラムの手紙に挙げられた「ならず者」とは、ハコベ、タンポポ、ドック、スベリヒユ、サポナリア（*Saponaria officinalis*）、スイバ（*Oxalis* spp.）などである。いずれも、ヨーロッパから新大陸にもたらされた植物だ。ハーブはしばしば意図的に運ばれてきたが、中には勝手にやってきたものもあった――しょせんハーブは雑草だった。

自分で勝手に広がるという性質の他に、何が「雑草」とその他の植物を分けているのだろうか？ひとつは旺盛な繁殖力だろう。雑草はどんな場所でも育つ。作物や花のように、私たちがすくすく育ってほしいと願っている植物より早く成長して、これらと競合する。なぜ、雑草は在来種よりも繁殖するのだろうか？　アメリカ農務省によれば、「外来種には、増殖を抑える共進化（きょうしんか）［複数の種が互いに生存や繁殖に影響を及ぼしながら進化する現象］したライバルも天敵もないため、はびこりや

P. A. マッティオーリ訳『ペダニウス・ディオスコリデス「薬物誌」注釈』（1565年）。木版画。

すく、有害植物になりやすい」のだそうだ。(8)

進化の観点からすれば、雑草こそ偉大な成功者だ。しかし、農家や園芸家にすれば、そう手放しに称賛するわけにもいかない。こうした外来種は生命力が強いため、耕起地［土を掘り返したり、反転させたりして耕した土壌のこと］にわがもの顔にのさばるのが得意である。残念ながら、アメリカの耕作地は、雑草にとって最高の「耕起地」だ。道端や空地の土も掘り返されたものが多い。そのため、こうした場所を占領している植物の大半は雑草であり、多くがヨーロッパなど旧世界原産のハーブか、食材としてすぐに利用できるハーブである。サンフランシスコのいたるところに生えているワイルド・フェンネルはその象徴的存在と言えよう。

ときにはハーブがまったく別の目的地に、すなわち「忘却の世界」に移り住むこともある。第2章で紹介したように、古代ギリシアとローマでは、シルフィウムというハーブが大人気だった。現在のリビア東部が原産地だが、紀元1世紀には絶滅に追い込まれた。いまでは、シルフィウムがどんな植物だったのかさえわからない。しかし、古代ローマではアサフェティダを代用にしていたのだから、ニンニクのような味がしたに違いない。

●旧世界から新世界へ

ヨーロッパから伝わったハーブの多くは、新大陸に順応して、ありふれた雑草になった。探検家や征服者（コンキスタドール）、ピルグリムら植民者たちがアメリカにやって来る前は、現在道端や空地になっている場所にはまったく違った風景が広がっていたことだろう。

わざわざ運ばれてきたハーブの一部は薬だった。ノコギリソウ属の少なくともいくつかの種は、北米、ヨーロッパ、およびユーラシア大陸のほぼ全域に自生していた（ジャコウノコギリソウ *A. moschata* やヤローなど）が、何はともあれ傷薬として新大陸にもたらされ、その後ハワイに伝わった。キャットニップは、新大陸に持ち込まれた他の多くの医療用ハーブ同様、たちまち野生化してコロニーを形成し、北米大陸のほぼ全域に広まった。

セイヨウオオバコ（*Plantago major*）は、ヨーロッパ、北アフリカ原産のハーブ（古代エジプト人はこの草をアソエスと呼んでいた）。たまに若い葉を香味野菜として食べることもあるが、アメリカにもたらされたのは薬効があるとされていたからであり、狂犬やガラガラヘビの咬み傷、ぜんそく、目の病気まで、何にでも効くと言われていた。アメリカ先住民は、新参者たちが通った道にかならずこの草が生えることから、このハーブを「白人の足跡」と呼んだ。旺盛な繁殖力のため、手入れの行き届いた芝生の愛好家にとっては忌(いま)わしい草である。

セイヨウタンポポ（*Taraxacum* officinale）の亜種、*T. officinale* officinale はヨーロッパ原産で、北米全域でもっともよく目にする植物のひとつ。もうひとつの亜種（*T. officinale* ceratophorum）は北米大陸原産だが、現在は西部の州とカナダにしか見られない。

セイヨウタンポポは、少なくとも11世紀初頭に活躍したイブン・スィーナー［ペルシアを代表する知識人。医者、科学者、哲学者］の時代から薬効があるとされ、植民者たちによって新大陸に運ばれてきた。ところが、そのパラシュートのような種子のおかげで、現在ではもっともありふれた雑草のひとつとなり、オオバコと同様に世界中の芝生愛好家たちの頭痛の種になっている。

スベリヒユ（*Portulaca oleracea*）はインド原産のハーブだが、世界のほぼ全域に分布している。ヨーロッパではサラダ用ハーブとしても香味用ハーブとしても人気があるが、体によいビタミンEとオメガ3脂肪酸がたっぷり含まれているためにアメリカで注目されるようになったのは1980年代からで、それもけっして大人気というわけではなかった。おそらく昔は非常食だった（「坑夫のレタス」と呼ばれていた）ために、しかるべき評価が得られないのだろう。

ホーハウンドの原産地はイギリスおよび地中海沿岸地域だった。初期の植民者たちによって薬用ハーブとして運ばれてきて、いまや、アジア、ヨーロッパ、北米、北アフリカの温暖な地域に根づいている。ルーは、地中海周辺地域とカナリア諸島が原産地。ローマ人は料理用ハーブとしてルーを愛用していたが、どちらかと言うと薬草として普及した。

ユーカリはオーストラリア原産で、さまざまな種がアメリカの比較的温暖な地域に帰化［他国から運ばれてきた植物や種子が、その国の気候・風土に適応して自生するようになること］している。ブルーガムは、カリフォルニア州では侵略的外来種とみなされている。オオバユーカリ（*E. robusta* Sm.）はフロリダ州に生息している。どちらの木もハワイでは潜在的に危険な外来植物と考えられている。

植民者たちによってあらたな土地に運ばれてきた初期の植物の中には、薬としても食材としても

トリコロール・セージ（*Salvia officinalis* 'Tricolor'）。ニューヨーク、ブルックリン植物園。

利用されたハーブもあった。サポナリア（別名ソープワート、バウンシングベット）は、アラスカとハワイを除くアメリカのすべての州に分布している（コロラド州では有毒な雑草に指定されている）。ヨーロッパ、近東原産で、これらの地域で料理に使われるのは、ハルヴァというナッツや豆が入った甘いお菓子をつくるときだけで、乳化剤のような働きをする。

セージ（*Salvia officinalis*）は料理用ハーブとしてよく知られているものだが、オフィキナリス（*officinalis*）［「薬用の」という意味のラテン語］という小種名が示すように、古くは薬草と考えられていた。薬効が期待されたからこそ世界中の温暖な地域に広まったのである。

フユアオイ（*Malva verticillata*）も南ヨーロッパでおなじみのサラダ用・香味用ハーブだが、アメリカには薬草として伝わり、いまではカナダ南部からペンシルベニア州、西はサウスダコタ州にかけて分布する雑草となった。

その他のハーブはもっぱら食材として運ばれてきた。ベルガモット（松明花）はヨーロッパの植民者と共に新大陸へ渡ったが、そんな旅は必要なかった。新大陸にはすでに仲間がいたのだ。タイムに似た香りをもつワイルドベルガモット（ヤグルマカッコウ *Monarda fistulosa*）は、毎年夏になるとアメリカ東部全域のハイウェイ沿いに美しい薄紫色の花を咲かせる。

ボリジの原産地は東地中海近辺だが、古代にヨーロッパ中に広まった。ディオスコリデスもプリニウスもボリジに言及している。1265年には確実にイギリスに伝わっている。ジョン・ウィンスロップは、1630年、マサチューセッツ湾植民地の建設に際して、ニューイングランドで

使う植物の一覧にボリジを入れている。(9)

カモミールは、アゾレス諸島［大西洋中央部に位置する群島。ポルトガル領］、北アフリカ、西ヨーロッパ原産だが、現在は世界中の温暖な地域に見られる。カモミールとその近縁の植物は、おもにハーブティーに利用されている。コロンビアでは「カスティーリャ［スペイン北部および中部を占める地方］のマンサニージャ［カモミール］」と呼ばれている。つまり、少なくともコロンビアでは、カモミールはスペインのハーブと考えているらしい。カモミールは、オーストラリア、南アジア、北米へ運ばれ、耕地を逃れて自生するようになった。

チコリーも地中海原産のハーブ。古代ローマでは人気のハーブだった（ホラティウスの詩にも登場する）。その青く美しい花は、現在アメリカ、北アフリカ、オーストラリアのハイウェイの縁を鮮やかに彩っている。

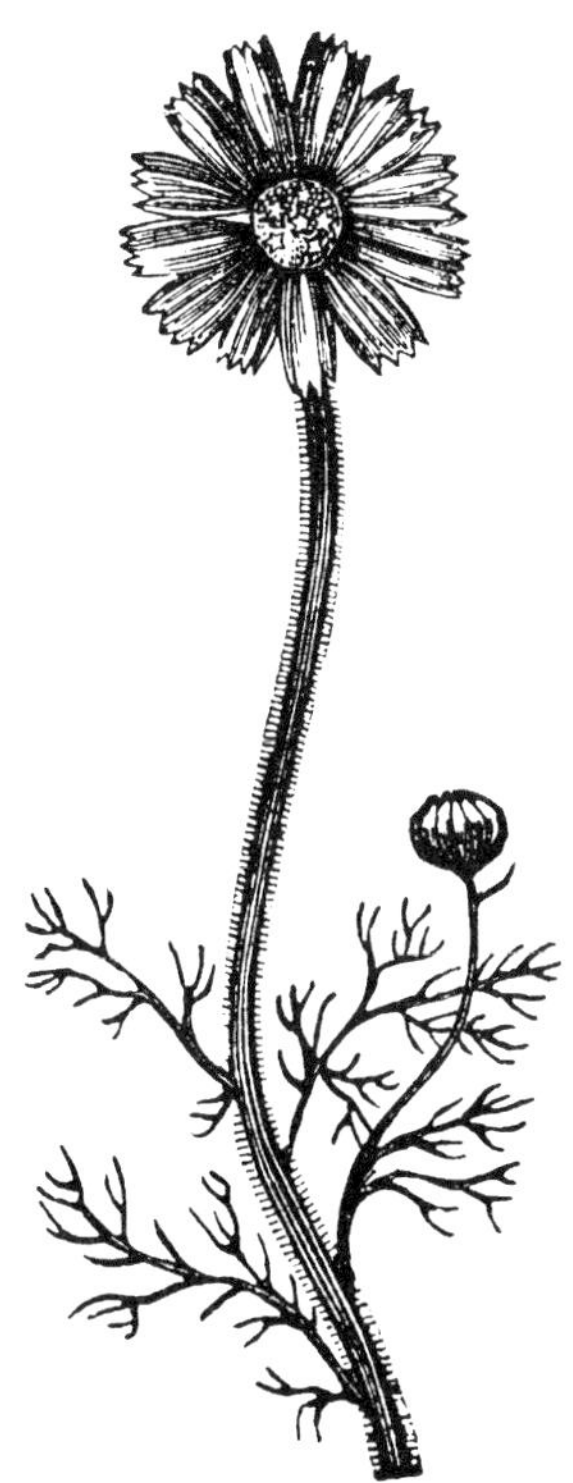

「カモミール」(*Matricaria* spp.)。『アメリカの簡約された実践、もしくは家庭医。あらゆる階級のために設計された、野菜の原理に基づく、薬の科学的システム』(1849年)。木版画。

キューバンオレガノはカリブ海全域で人気のハーブ。カントリー・ボリジ、グリーク・オレガノ、偽オレガノ、フレンチトバゴ・タイム、スパニッシュ・タイム、ステュクス・タイムなどとも呼ばれる。

コリアンダーは、地中海東端の古代住民たちによく知られていた。メソポタミアの古い粘土板にもその名がきざまれている。おもにイスラム教徒との接触を通じて、すなわち交易やムーア人のスペイン進出によって、ヨーロッパに普及した。その後、今度はスペイン人の手で新大陸へ運ばれた。

キューバンオレガノ（*Plectranthus amboinicus*）は、キューバ原産でもオレガノでもない。コリウス［シソ科の植物。和名金襴シソ］の近縁で、東インド諸島にもともと生息していた。いまもマレーシアに自生している。キューバンオレガノは西インド諸島で重要なハーブとなったが、南アジア全域でも栽培されている。タイムに似た強い香りがあり、グリルした魚やゴート肉のソース、キューバ名物のブラックビーン・スープに入っている。

ディル（*Anethum graveolens*）はヨーロッパの温暖な地域が原産地だが、南極大陸以外のすべての大陸に伝えられた（ただし、乾燥させた瓶詰のものなら南極大陸にもあるだろう）。インド料理、スカンディナビア料理、ベトナム料理などさまざまなタイプの料理に利用されている。ベトナムではティ・ラと呼ばれ、（ベトナムのほとんどのハーブと違って）かならず火を通してから食べる。

フェンネルは、地中海ヨーロッパ沿岸原産で、世界の温暖な地域にくまなく広がった。カリフォルニア州サンフランシスコの雑草が生えているあたりによく生い茂っている。ディルがサンフランシスコの名物料理チョッピーノ——地元の人に言わせると「マルセイユ風ブイヤベース」——に入

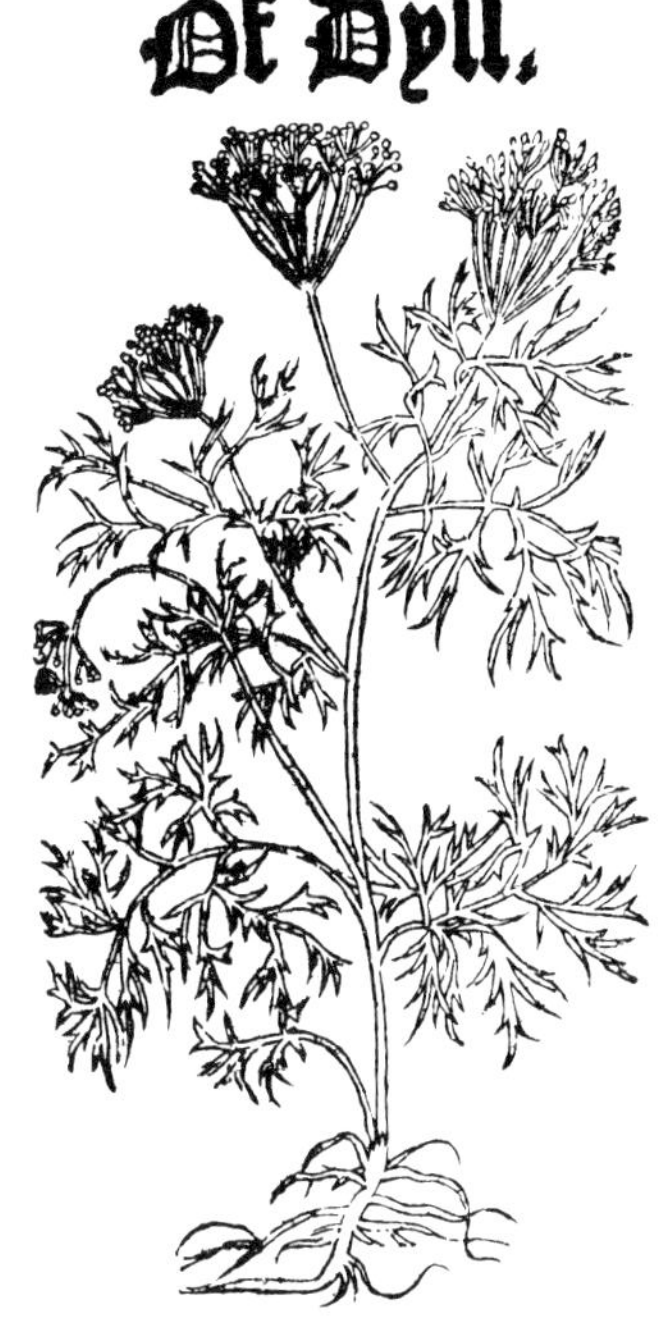

「ディル」。ウィリアム・ターナー『新本草書』（1551年）。木版画。

れられるようになったのには、そうした事情もあるのだろう。

ガーリックマスタード（*Alliaria petiolata*）はヨーロッパ原産の雑草だが、アメリカの国土の3分の2、カナダの国土の半分までも侵略し、在来種や庭の植物を圧倒している［ガーリックマスタードには強い殺菌作用があり、近隣植物に栄養を供給する土壌中の菌を殺してしまうため］。ただひとつの取りえは、春の訪れを告げる、苦いがおいしい香味用ハーブになることだ。

キン・ゾイの原産地はヒマラヤ山麓だが、現在は中国からヨーロッパまで広く分布している。アメリカでは1889年以降雑草として認知されている。葉と種子にレモンのようなさわやかな風味があるため、ベトナムでは人気の食材だ。

レモングラスは、もともと南インドとスリランカに自生していたが、現在は世界中の霜の降りない地域と温室で栽培されている。タイ料理とベトナム料理には欠かせない食材で、ナイジェリアやギリシアでもお茶やスープに入れられている。メキシコではハーブティーとして飲まれている（メキシコの「レモンティー」は、紅茶にレモンを入れた飲み物ではなく、レモングラスを煎じたお茶のことである）。

また、レモングラスは香味料として世界各地で販売されてもいる。レモングラスのないタイ料理なんて想像もつかない。生命力が強く、温暖な気候ではすぐに野生化して庭にはびこるため、鉢植えで育てるのが望ましい。

アサ（マリファナ）は中央アジア原産で——警察には辛いところだが——ほぼ世界中に帰化して

コンフリー
Symphytum offficinale
オットー・ブルンフェルス『本草写生図譜』（1530年）より。木版画。

レンベルト・ドドエンス。『新本草書』（ヘンリー・ライト訳 1578年）より。

「アサ」（*Cannabis sativa*）。J. ピユオット（リヨン）『薬の歴史』（1619年）。木版画。

いる。アメリカでは5つの州（イリノイ州、ミネソタ州、ミズーリ州、ペンシルベニア州、ウエストバージニア州）が、害草として禁止している他、すべての州が故意に植えることを禁じている。アサに関する最古の記録は中国のもので、神農（しんのう）［古代中国の神のひとり。民に医療と農耕の術を教えたと言われている」の教えをまとめたと言われる『神農本草経』に記載がある。[10]

ミントは地中海地域原産で、いまや世界中に分布している、庭の素敵なアクセントになるかもしれないと考えて植えた園芸家たちはかならず後悔する羽目になる。地中の走根（そうこん）（ほふく根）によってまたたくまに広がり、根絶するのはほぼ不可能。宅地のそばのじめじめした場所か、うかつな園芸家が住んでいた場所に自生している。

ミツバ（ジャパニーズ・パセリ）はアジア原産だが、現在はハワイにも帰化している。マスター

斑（ふ）入りミント（*Mentha x gracilis 'Variegata'*）。ニューヨーク州ジャーマンタウン、クラモント歴史公園。

ドの原産地はアジアだが、古代にヨーロッパに広まり、その後南北アメリカ大陸と太平洋の島々に伝わった。

マスタードはほぼ世界中でハーブとしてもスパイスとしても活躍している。というのも、掘り返された土であればどこでも生い茂り、簡単に雑草化し、園芸家の手をわずらわせなくて済む――マスタードののっとりを阻もうとするのでないかぎり――からだ。アジアとのスパイス貿易ルートが確立され、その後アメリカ大陸が発見されるまで、マスタード（と、その近縁のホースラディッシュ）は、ヨーロッパで唯一の「辛い」スパイス

スベリヒユ（*Portulaca oleracea*）。ウィリアム・ターナー『新本草書』（1551年）より。木版画。

クイーン・アンズ・レース（*Daucus carota*）。道端でよく見かけるこの雑草の種子は、キャラウェイの種子に似たほろ苦い味がする。

だった。

シソは、中国と東南アジアが原産のハーブだが、アメリカ東部とカナダのオンタリオ州では現在害草とされている。この一年草は、しわの寄った赤い葉を利用するために気軽に植えられるが、種子から勝手にどんどん増えて、どんな庭もたちまち占領してしまう。

スベリヒユはイラン原産で、南ヨーロッパで栽培されるようになり、いまや北アフリカ、南北アメリカ、アジア、オーストラリアと、世界のほぼ全域に生息する汎存種［世界中に生息する動植物種］だ。アリゾナ州は害草として持ち込みを禁じている。

クイーン・アンズ・レースは道端でよく見かける雑草である。ヨーロッパからアメリカに伝えられた。栽培種のニンジンの祖先であり、アメリカのほぼすべての州とカナダの亜北極帯の州に分布している（アイオワ州、ミシガン州、オハイオ州、ワシントン州では害草とされている）。

ローズマリーは、14世紀、エドワード3世の妃フィリッパへの贈り物としてイギリスにもたらされたとする文献もあるが、それよりはるか昔にローマ人がグレートブリテン島を占領していたのだから、14世紀にはすでに伝播していたはずだ[11]。

スイバの原産地はヨーロッパとアジアの温暖な地域だが、現在は人の手を離れて野生化し、春先の野草として好まれている。春先の野草と言えば、イラクサは北ヨーロッパ原産だが、アメリカの国土の北東3分の2と、その他の世界中の温暖な地域の空地に自生している。成長した葉は食べられたものではないが、若芽はおいしい春の香味用ハーブとして活用されている。タンジーは、昔な

生い茂るタンジー（*Tanacetum vulgarum 'crispum'*）。コネチカット州スタンフォードの公園。

がらの苦味成分として自家製ビールに利用されている。アジア、ヨーロッパ原産だが、北米に伝えられて帰化した。

水ホウレンソウ［空芯菜］は、原産地の東アジアからアメリカ合衆国に伝えられた。残念ながら、順調に根づきすぎて、フロリダ州とテキサス州では現在「害草」に指定されている。クレソンはもともとヨーロッパの植物だが、いまでは世界中の温暖な地域に広がっている。アラスカ州、ハワイ州、ノースダコタ州を除くアメリカ、およびアラスカより南のカナダ全域に生息する水生雑草である。コネチカット州では侵略的外来種として持ち込みを禁止されている。

ワームウッド（ニガヨモギ）とマグワートは、どちらもヨーロッパと北アジア原産だが、アメリカ合衆国にも分布している。サザンウッドは地中海地域原産だが、１６７２年には北米に伝えら

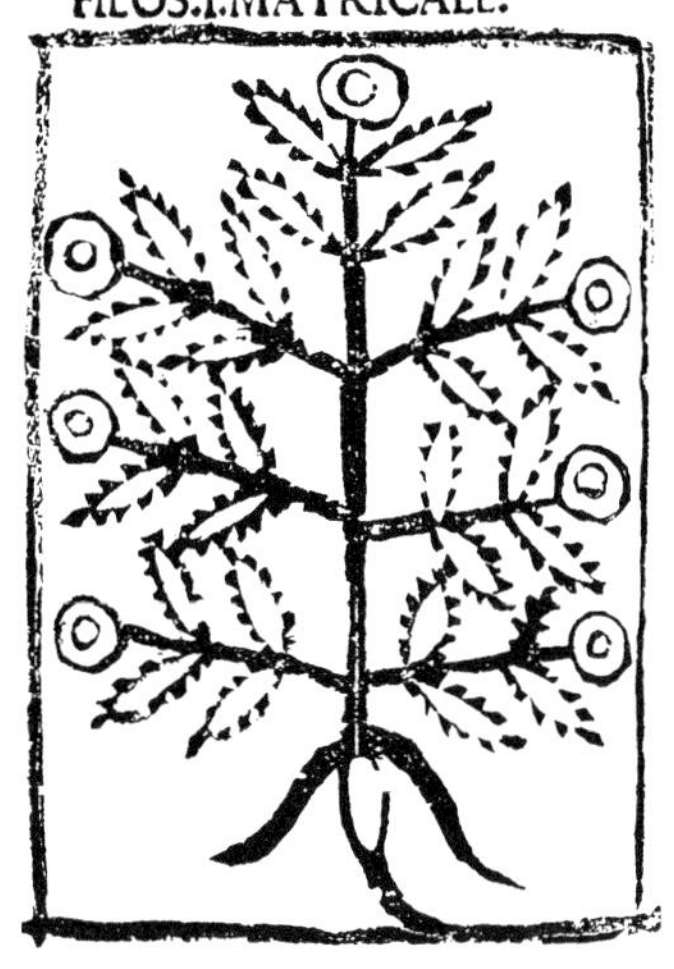

マグワート
Artemisia vulgaris
アプレイウス・プラトニクス『アプレイウス・プラトニクスの本草書』（1481年）。木版画。

れていた[12]。ワームウッドは、オクラホマ州以北のほとんどの州で雑草、とくに、コロラド州、ノースダコタ州、ノースダコタ州、ワシントン州では害草とみなされている。マグワートは北米東部ほぼ全域と極西部地域に分布し、テネシー州では「侵略的外来種」に指定されている。

旅するハーブの最後のグループは、自力でヒッチハイクしてきたハーブたちだ。ベッガーズティック［「物乞いのノミ」という意味］（コセンダングサ *Bidens pilosa*）、別名スパニッシュニードルは、世界の多くの地域で食材とされているかもしれないが、現在アメリカ合衆国とカナダのほとんどの地域で外来雑草とされている。この草の種子は、触れたものに何でもくっつき、力ずくではがさなくてはならない。こうしてアメリカにやってきたのだが、まさにこの性質のために評判が悪い［日本ではセンダングサ（ひっつきむし）と呼ばれている］。

●別の方角から来たハーブ

もちろん、すべてのハーブが東半球から西に向かって移動したわけではない。西から東へ逆向きの旅をしたハーブも多い。旧世界で、ある地域から別の地域へ移動したハーブもある。あるものは招かれて、またあるものは喜ばしい客としてやって来て、いつしか無用の雑草となった。

イギリスやヨーロッパでハーブとして利用されている草のほとんどは、何百年も前から根づいているために、まるで最初からそこに生えていたかのように考えられている。南北アメリカ大陸、アジア、オーストラリアから、意図的にせよそうでないにせよ、持ち込まれた多数の侵入植物のほとんどは食用でない。唯一の例外が（前述の）海藻の何種類かである。

ヨーロッパに意図的にもたらされた植物のひとつが、アンジェリカだ。スカンディナビアと北東アジアが原産地だが、16世紀にはヨーロッパの他の地域にも帰化していた。バナナ（*Musa* spp.）は、17世紀にアフリカからスペインとポルトガルの商人たちによってアジアとアメリカ大陸の熱帯地域に伝えられた。インド、スリランカ、東南アジア諸国では、バナナの花は食用とされている。インドでは、お皿のようにバナナの葉に料理をよそう。

バナナの葉で料理を包んで蒸したり焼いたりする地域もある。メキシコ、オアハカの郷土料理タマーリは、バナナの葉で具を包んで蒸した料理。具は、モーレ・ポブラーノ（トウガラシ、チョコレート、レーズン、ナッツを煮込んだ濃厚なソースを七面鳥の肉もしくは鶏肉にからめた料理）や、ラハス（細切りにしたポブラーノ・トウガラシ［ピーマンのような形をした、味の濃いトウガラシ］の炒めもの）とチーズなどである。

バジルは、もともと熱帯アジアの野生植物だったが、古代ギリシア人にはすでにおなじみのハーブで、オキモンと呼ばれていた。現在では世界中で栽培されている。アフリカにはヒメボウキ（*Ocimum canum*）、南米にはペルーバジル（*O. micranthum*）などの近縁種もある。

ワサビノキ（モリンガ）属（少なくともその初期の祖先）はアフリカ原産で、いまも13種ほどがアフリカで食用とされている。古代エジプト人はワサビノキ属の一種（*M. pterygosperma*）を薬として利用していた。ワサビノキ属には自然に多様化したものもあれば、インドで栽培化されたものもある。そのひとつがヒマラヤ山脈山麓で栽培されているモリンガ・オレイフェラ（ワサビノキ *M.oleifera*）だ。[13]

キャッサバ（*Manihot esculenta*）はブラジルの熱帯雨林原産だが、16世紀初頭、ポルトガル人やスペイン人が新大陸にやってきた頃には、南米、中米、およびカリブ海諸島全域で栽培されていた。ポルトガル人はキャッサバを西アフリカ、南アジア、東南アジアへ、スペイン人はフィリピンへ運んでいった。

ヨーロッパ人が、植民地労働者たちのカロリー源としてとくに関心を寄せたのは、現在タピオカの原料であるデンプン質の根だったが、現地民たちは葉も利用していた。インドネシアではキャッサバはダウン・プランチスと呼ばれているが、まったくおかしなことに、これは「フランスの葉」という意味で、歴史的にも植物学的にも正しくないが、インドネシアで栽培されるようになって500年経っても、キャッサバは外国の植物だと認めているわけだ。

食用キクの原産地は、多くのキクと同じくヨーロッパおよび西アジアだが、キクを食材とするのは、東アジア（中国、日本、韓国、フィリピン）だけである。レモン・バーベナの原産地は南アメリカ（アルゼンチン、ボリビア、ブラジル、チリ、パラグアイ、ペルー、ウルグアイ）で、17世紀初頭にスペイン人が故郷に持ち帰り（スペインではイエルバ・ルイザと呼ばれている）、それ以降世界中の霜の降りない地域（と温室）で栽培されている。

食用花にはその他にマリーゴールド（マンジュギク属 *Tagetes* spp.）がある。これは南米の温暖な地域の自生種で、17世紀、スペイン人によってヨーロッパに伝えられ、いまでは世界中に分布し、霜の降りない地域に根づいている。ハーブティー、米料理、スープやシチューの色づけに用いられ、お茶や料理にリコリスのようなほのかな甘味を添える。すべての部位が利用できる。精油は香水などの原料として人気がある。

ローゼルの花も食用とされている。インドからマレーシアにまたがる南アジア地域が原産で、その赤い萼(がく)は、アフリカでは有史以前から珍重されていた。現在も世界市場に出回っているほとんどがアフリカから出荷されている。新大陸には、おそらく奴隷貿易の副産物として、17世紀以前に運ばれてきた。それ以降、北はメキシコ、カリブ海諸島、西はハワイ、フィリピンにまたがる広い地域で利用されている。フロリダ州の一部でも栽培されているが、少しでも霜にあたると枯れてしまうので、一年草として処理しなくてはならない。

パパイア(*Carica papaya*)は中央アメリカの熱帯地域原産で、現在は世界中の似た気候の土地で栽培されている。一般に果実が食用とされているが、インドネシアでは葉や花もゆでて食べる(花は葉より苦味が少ない)。果実の種子はたいてい捨てられているが、独特の辛味と苦味があるので、サラダに入れたり、つけ合わせにしてもいいだろう。

チャノキは、ヒマラヤ山脈の麓に近い冷涼な斜面が原産地だが、古代に中国へ、その後日本へと伝わった。茶が輸出されていたほとんどの地域に届けられたのは乾燥した茶葉だけで、茶の苗木は、小さな藪のような木が生育できる日本と南アジアまでしか伝わらなかった。

ヨーロッパ人が旅行記を通じて茶の話をはじめて耳にしたのは16世紀になってからで（不思議なことにマルコ・ポーロは中国の喫茶に一言も触れていない）、おもな情報源は、1595年にポルトガルの船に乗ってインドをはじめて訪れたオランダ人旅行家ヤン・フィゲン・ファン・リンスホーテンの著書だった。その後まもなく、ポルトガルはインドのほぼすべての港から締め出され、1602年に設立されたオランダ東インド会社がその一帯と貿易を取り仕切るようになった。5年後、オランダ東インド会社はジャワ島へお茶を運び、1610年、オランダにはじめてお茶が伝わった。

ほとんどのお茶は依然として中国から輸出されており、その後まもなくお茶はイギリスでも飲まれるようになった。1660年9月25日、サミュエル・ピープスは日記に次のように記している。「お茶を1杯飲んだ（中国の飲み物である）。はじめて口にする飲み物だった」。ピープスの日記にアルコール以外の飲み物が登場するのはこれがはじめてだ（お茶やコーヒーが登場するまで、製造過程で水を煮沸するビールはもっとも安全な飲み物だった）。

1706年、トーマス・トワイニングがロンドンに紅茶の専門店を開くが、お茶がイギリスに本格的に普及したのは、1713年頃にイギリス東インド会社によって広東からの積み荷が定期的に届けられるようになってからである。18世紀中頃には、イギリス東インド会社は年間1万8500トンの茶を輸入するまでになっていた。

新大陸からわざわざ運ばれてきた植物の中には、帰化した後で無用の侵略的害草になったものもあった。たとえばカンクア（*Peperomia pellucida*）は、南米北部原産で、アラバマ州、フロリダ州、ジョージア州、ハワイ州、ルイジアナ州、テキサス州、および東南アジアに帰化した（ベトナムでは人気のハーブである）。

クラントロ（*Eryngium foetidum*）は中米熱帯地域原産で、現在、フロリダ州、ジョージア州、ハワイ州、プエルトリコ、ヴァージン諸島では「スピリットウィード」と呼ばれている。アフリカ、南米、東南アジアにも生息している。カリブ海諸島周辺では、ロバのクラントロ、ワイルド・クラントロ、コヨーテのクラントロ、モンタナ・クラントロ、マウント・クラントロなどの名前で呼ばれている。

別の種の草（*Peperomia acuminata*）をこれらの名で呼ぶ場合もある。さまざまな「クラントロ」と「シラントロ」（コリアンダー）の名前が似ているのは、これらのハーブの使用法がよく似ているからだ。この3種類のハーブはいずれもカリブ海およびメキシコ湾周辺に生息している。比較的狭いこの地域には、複数の文化がひしめき合っているが、いずれもスペインの侵略と植民地政策の影響を受けている。

スペイン人は、そもそもムーア人からコリアンダーの使い方を学んだ。そして新大陸にやって来てからもコリアンダーの味が忘れられず——熱帯地域にコリアンダーが生えているとはかぎらなかったが——あらたな土地を訪れるたびに、コリアンダーの代用になりそうな別の種の草に、自分たちのお気に入りのハーブの名前をつけたに違いない。

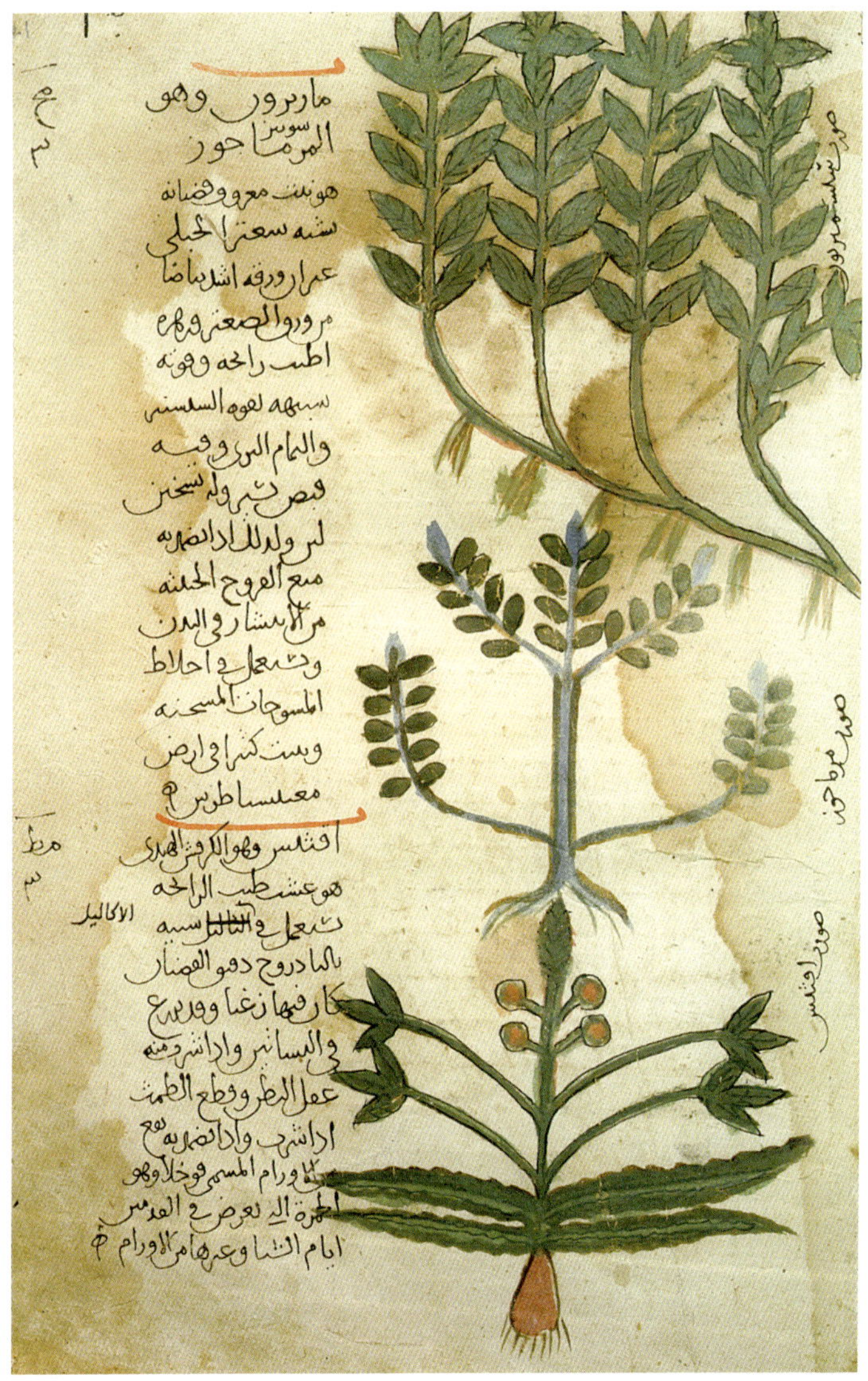

マージョラム（*Origanum majorana*）。ディオスコリデス『薬物誌』アラビア語版より。

エパソーテ（アリタソウ）は、アメリカの熱帯地域原産だが、現在では世界中の温暖な地域に分布している。カナダ東部のオンタリオ州、ノバスコシア州、ケベック州、アメリカのほぼ全域（アラスカ州、ミネソタ州、モンタナ州、ノースダコタ州、ワイオミング州以外の地域）に見られる。ここに挙げた大半の地域では侵入植物とみなされている。18世紀までのドイツでは、この草はイエズス会のお茶、あるいはカルトゥジオ会［どちらもカトリック教会に属する修道会］のお茶と呼ばれていた。

マージョラムは、北アフリカと西アジア原産だが、古代ギリシア人とローマ人にはすでにおなじみのハーブだった。新大陸へもたらされたが――ニューヨーク州キャッツキル山地でよく見かける雑草という不確かな情報しか聞かない――根づいたのはマサチューセッツ州とペンシルベニア州だけらしい。

こうした旅するハーブたちは――人の手を借りたものもそうでないものも――遠く離れた国々にあらたな故郷を見出した。そして、その国に暮らす人々の料理の習慣と料理の方法を変えたのだった。

第5章◉国境も文化も越えて

◉すべての食べ物に国境はない

異文化どうしがはじめて遭遇するときにはかならず、料理の素材と技術のやり取りが行なわれる。人が人であるかぎり、住む土地は変わっても、食に関する自分なりの考えは変わらない。その出会いは本質的に植民地主義的かもしれない（そうであれば、経済的にも政治的にも一方の文化だけが得をする）が、少なくとも、料理という意味では互いがより豊かになれる。新大陸原産のトマトがないイタリア料理、ヨーロッパ原産のバジルがないタイ料理、南米原産のトウガラシがないインド料理なんて、誰に想像できようか？　外国人嫌いの中には、「正統な」郷土料理を保存しなくてはと息巻く人もいるが、結局のところそんな努力は無駄である。すべての食べ物に国境はないのだから。

移民たちはしばしば自分たちの料理の伝統と素材を（少なくとも素材の種子を）運んでくる。一般に、こうした新参者があらたな共同体に温かく迎え入れられることはない。そして彼らの食べ物は、変わっている、おいしくない、口に合わない（これは、そう言っている人たち自身の口には合わないという意味である）と退けられる。移民の個性を表すのは何と言っても移民たち自身だが、彼らの料理もまた、新参の社会集団や少数民族集団の個性を表す目印となる。そして皮肉なことに、外国から入ってきたあらたな食材や技術と融合することによって、移民先の国の食事はほぼ例外なくいっそう興味深いものとなるのである。

◉戦争とハーブ

戦争についてもよく同様のことが言われる。実際、料理の技術の伝搬は、戦争によって勝者と敗者に分け隔てなくもたらされる唯一の持続的な恩恵だろう。兵士たちはみな（陸軍、海軍を問わず）、なじみのない土地や文化に配備される。必要な栄養を配給ですべて満たすのは不可能だ。そこで兵士たちは、自分たちとまったく違う食べ物を食べている人々に接し、あらたな嗜好を身につけて故国に帰る。ベトナム戦争に従軍した人も、抗議運動に参加した人も、（第二次世界中の親の世代と同様に）戦争が料理に与えるプラスの効果をまさしく体現している。

１９６０年代のアメリカでは、戦闘に従事しないベビーブーム世代が、（さまざまな事柄の中でもとくに）海外のエスニック料理を探究するようになった。インドの宗教や哲学への関心からインド料理への関心が芽生え、東南アジアの人々と反戦意識で結ばれたことによって、彼らの料理に目が向けられるようになった（不思議な話だが、戦場にいた兵士たちも同じことをしていた）。

ベトナム戦争が終わると、ベトナム人が続々とアメリカに移住した。そして、彼らより先にやってきた多くの民族集団と同様に、「故郷」の味を提供する飲食店を新天地で開業した。料理があらたな土地に根づくときにはいつでも、なんらかの調整が必要になる。素材と調理法の両方（もしくはその一方）を、あたらしい環境に合わせて修正しなくてはならない。そこで、ベトナム料理には、客が入れ替わるたびにテーブルにどっさり用意される新鮮なハーブの薬味にフランススイバ（フレンチソレル *Rumex scutatus*）［スイバの酸味を抑えた改良種］という、これまでなじみのなかったヨーロッパのハーブが仲間入りした。ベトナム人たちには、このハーブを指す言葉がなかったので、たんにラウ・チュア（「酸っぱいハーブ」）とか、ラウ・トム（「香草」）と呼んだ。

ベトナムコーヒー（アイスはカフェ・スア・ダー、ホットはカフェ・スラ・ノン）も、代表的な「多国籍」レシピだが、「正統な」ベトナム名物と考えられている。そもそもコーヒーの原産地はエチオピアである。そして、イスラム法が酒を禁止しているため、15世紀にイスラム教徒たちの間でコーヒーが社交の飲み物となり（「コーヒー」は、アラビア語でワインを意味する「カフワ」が転訛（てんか）した言葉）、それから100年も経たないうちに、コーヒーはヨーロッパ中に、そして新大陸のヨーロッパ植民地にも広まった。温暖な気候では育たないため、多くの熱帯地域にこっそりと運び出された（アメリカの俗語でコーヒーを「ジャワ」と呼ぶのは、コーヒーがジャワ島でも栽培されていたことのなごりである）。

コーヒーは高価な輸入品だったので、ヨーロッパ人（とくに、当時コーヒーの栽培地にあまり植民地がなかったフランス人）は、入手できたわずかなコーヒーの嵩をできるだけ増やそうと、国内に生えているありふれたチコリーというハーブの根を乾燥させたり、ローストしたりして混ぜるようになった。

コーヒーにチコリーを混ぜる習慣は、かつてフランス植民地だったルイジアナ州や、フランス領インドシナと呼ばれていた地域にいまも残っている。今日ベトナムは世界第2位のコーヒー産出国らしいが、多くの人が、ベトナムには生えていないチコリー入りのコーヒーをいまも好んで飲む（ベトナム人は、移民先の国になじむのも得意である）。

東南アジアの紛争は、オーストラリアの食にも影響を与えた。たとえばメルボルンには、バナナの花と細切れポークのサラダといった異色の「オーストラリア」料理がある。これは、国内の紛争を逃れ、あたらしい、より安全な祖国を求めてやってきたラオスの難民たちによって伝えられた料理だ。バナナのようなアフリカの植物をラオス人がなぜ知っていたのか疑問に思う人もいるかもしれない。バナナの花は、17世紀初頭、ポルトガル人がアフリカの西海岸から船で運んできてからというもの「伝統的なラオスの食材」なのだ。

◉食の「融合」は繰り返される

第二次世界大戦後、人類史上未曽有の規模で、人と職業が東西南北あらゆる方角に向かって移動した。連合軍の兵士たちは、自分たちの同胞や戦友が、世界のどの地域の出身でもありえることを学んだ。ニューイングランド出身の兵士は、バーベキューやテクスメクス料理の原型となる料理を生まれてはじめて味わった。イギリス人、フランス人、イタリア人はアメリカ料理を知り、アメリカの兵士たちはピザの味を覚えて故国に帰った（こうしてドライオレガノがアメリカの台所に常備されるようになった）。

さらに、第二次世界大戦後に空前の海外旅行ブームが起きた。戦争が終わって、それまで戦車や爆撃機をつくっていた工場が自動車や旅客機を製造するようになり、新車の購入と利用を促すために欧米諸国に立派なハイウェイが建設された。人々はこれまで話でしか聞いたことがなかった場所を訪れるようになり、旅先でその土地のものを食べた。そして、未知の料理をいろいろと試すうちに、それまでまったく違う食べ物と考えていた各地の郷土料理を、もっと大きな枠組みにまとめられるのではないかと考えるようになった。こうしてイタリアではまったくなじみのなかった「イタリア料理」という概念が進化した（ただし、ほとんどのイタリア人は、いまも隣りの村の料理を外国の食べ物と考えている）。

航空運賃が値下がりしたために、人々はさまざまな場所を訪れ、それまでまったく知らなかった素材や味に遭遇するようになった。中産階級の、ヒッピーの親にあたる世代や兵士たちは、休暇や、あたらしい料理番組で「世界の料理」を知った。レストランに行くことが娯楽となり、料理人たちは「観客」の心を惹きつけるために外国のめずらしい食材を絶えず探し求めなければならなくなった。ハーブとスパイスは、比較的手頃な価格の刺激を提供してくれた。

もちろん、こんな話はめずらしくも何ともない。人間の歴史は、このような「料理の融合」など夢にも思わない人々によって、なじみのない食材が交換され、取り入れられる――その際限のない繰り返しなのだから。頭の固い伝統主義者たちは、文化の純血性が損なわれるなどとひとしきり抵抗するものの、結局は外国の食習慣の一部を自分たちなりの方法で取り入れる。こうした人々は、自分たちが「エスニック」料理と考えているものが、実際には自分たちの国で発明されたものであると認識さえしていない。

アメリカのチリコンカーン［ひき肉と豆をチリパウダーで味つけした煮込み料理］、ミートボール入りスパゲッティ、コーンビーフ&キャベツ［ブリスケット（牛の塩漬け塊肉）とキャベツの煮込み料理］は、断じて外国料理ではない。「アップルパイと同じくらいアメリカ的」な料理なのだ（そのアップルパイにしてもアメリカ人が考えた食べ物ではないのだが）。同じくカレーもインドの食べ物ではない。カレーづくりに必要なスパイスがひとつとしてイギリス産でないことはたしかだ。しかしそれでもカレーは完全にイギリスの料理と言える。

フォー（米麺）はベトナムの国民的料理であり、古典的な多国籍料理でもある。19世紀中頃にフランス人に占領されるまで、ベトナム人は牛を食べていなかった（インド同様、牛は食べるにはあまりに高価な家畜だった）。米の麵とショウガは、さらに古い中国の影響を反映している。また、生のトウガラシが新大陸からもたらされたものであることは間違いない（おそらく17世紀初頭にポルトガル人が運んできたのだろうだろう）。ただし食卓で箸を手に取る直前に、フォーを食べる本人が器に放り込む新鮮なハーブは、まぎれもなくベトナム産だ。

多国籍料理は、あたらしいものでも、めずらしいものでもない。異文化の料理の融合は、料理が成長し変わっていくうえで避けて通れない道であり、昔からずっと繰り返されてきた。１９６０年代から70年代初頭にかけて、欧米の食は、それまでなじみの薄かった世界のさまざまな料理に接してめざましく変化した。こうした料理の変化をまさに象徴するのが、コリアンダーだ。

◉コリアンダーと「ライフスタイル」

コリアンダーは地中海地方原産のハーブで、その種子は、数千年前からヨーロッパの台所の常備品とされてきた。だから、ヨーロッパ人と一緒に世界各地の植民地へ旅したのは自然な運びだった。コリアンダーの種子はおもにパンやピクルスに入れられていた。１９６０年代中頃、料理書のレシピ、とくに西洋人向けの中華料理のレシピに「チャイニーズパセリ」なるものが登場するようになった。そこにはよく、家庭の料理人向けに「パセリで代用できる」というただし書きが添えられていた。つまり、消費者は、一般的なスーパーマーケットで、このめずらしい食材を見つけるのに難儀していたということだ。

「チャイニーズパセリ」を実際に味わった人なら、普通のパセリではまったく代用にならないことがわかるのだが、当時、欧米の料理人のほとんどはその違いを知らなかったらしい。しかし、それから10年もしないうちに事情は一変した。「チャイニーズパセリ」は「コリアンダー」（シアントロ）と改められ、西欧の台所にまったくあたらしい食材として受け入れられるようになった（西欧では、古くからコリアンダーの種子は利用されていたが、中国や東南アジアのように葉や茎を利用する習慣がなかったため、このような誤解が生じた）。ただし依然として、このハーブが「せっけん臭い」と言う一部の「グルメ」はいた。いまもそう感じている人はいるのかもしれないが、コリアンダーが広く認知されるようになったため、こうした意見を声に出す人はまずいなくなった。

何がきっかけだったのだろう？　未知の料理に触れる機会が増えたことも原因のひとつだ。中国で規制が緩和されて手軽に外国旅行に行けるようになり、西欧諸国に移住する中国人の数が急増した結果、多くの中華料理店が、１９２０年代以降主流だった典型的な中華料理よりも、中国で実際に食べられている料理にかなり近いものを提供するようになったのだ。

中国人以外の客たちもにわかに、自分たちが親しんできたいわゆる「広東」料理以外の中華料理が存在することに気づき、北京料理や四川料理が食べられる店を探しはじめた。いまでは福建料理、湖南料理などの地方料理も知られている。

こうした中国移民の急増に加え、東南アジアやアフリカの紛争によって、タイ、カンボジア、ラ

「ローズマリー」。ヨハン・ショット『物事のよい面』（1518年）より。ローズマリーの「灌木」が地面に植えられていないことに注目されたい。（この本が書かれた）寒さの厳しい北国では、暖かい土地からやって来た植物は冬の間屋内に移されたのだろう。

オス、ビルマ、インドネシアからアメリカへ、アルジェリア、モロッコからヨーロッパへ（とくにこのふたつの国はフランス語圏なのでフランスへ）やって来る移民が増えた。経済的チャンスや、自分の国より自由が保障される法制度などに惹かれて、メキシコや中南米からも大勢の移民がやってきた。カリブ海諸島からアメリカやヨーロッパに移住した人も多い（フランス語圏のハイチの人々はフランスへ、英語圏の西インド諸島の人々はアメリカやイギリスへ）。

技術的な訓練を受けた多くのインド人が、躍進めざましいコンピューター産業に従事するためにアメリカにやってきたものの、浮き沈みの激しいハイテク産業よりも同郷人向けの食料品店や料理店を経営したほうが安定した収入が得られると気づいたケースも多い。こうした移民集団はみなコリアンダーを知っており、日常的に料理に使っていた。

ようやく、西欧の料理人たちは気がついた。「ライフスタイル」（この時代までなかった言葉だ）の変化、可処分所得の増加、教育レベルの上昇、旅行や娯楽メディアの充実、そして徹底的な文化の融合、こうしたものによって、いわゆる「グルメ」料理への関心が急激に高まっていった。いまでは、日常的な料理のほうがかつての「グルメ」料理よりはるかに洗練されているため、「グルメ」という言葉はほとんど死語になってしまったが。

コリアンダーは、文化が主導するこうしたあらゆる料理の変化のシンボルと言えるだろう。グアカモレ［アボカドのディップ］やサルサは、数十年前まで主流だったサワークリーム・オニオンスープミックス・ディップ［サワークリームとオニオンスープの素を混ぜ合わせたディップ］にほぼ取って代わった。

現在、スーパーマーケットの冷凍食品売り場にはレトルト食品がぎっしりと並んでいるが、あとしばらくすれば、エクアドルやインド、メキシコ、パキスタン、タイ、インドネシアのレトルト食品が、冷凍ポットパイやTVディナー［メインディッシュとつけ合わせがすべてトレイにセットされた冷凍食品］のスペースを脅かすようになり、想像を絶するようなエキゾチックな空間が出現するだろう。

いまやコリアンダーは、パセリと同じくらいありふれた野菜だ。パセリをコリアンダーで、コリアンダーをパセリで代用しようと思う人は、もういない。

ハーブは、人類が農耕を開始する前から私たちのそばにいた。度重なる侵略、移民、植民地化によって歴史が寸断された地域には、これらの影響をすべて反映する料理の歴史がある。ハーブは私たちと共に歩んできた。そしてたいていは、人間がハーブを変えた以上に、ハーブが人間を変えてきた。私たちはいまもこの旅の同伴者について学び、この同伴者からさまざまなことを学び続けている。このささやかな本では、そんな大きなテーマの片鱗に触れることしかできなかったが、読者のみなさんがこのおいしい雑草についてさらに知識を深めていかれることを願ってやまない。

謝辞

　このような本は、多くの方々の専門知識と、助けによって生まれるものである。この本にすぐれた点があるとしたら、それはすべてこうした方々のおかげであり、いたらない点は、すべて私の不徳の致すところである。

　この場をお借りして、カリナリー・インスティテュート・オブ・アメリカの元同僚たちに感謝申し上げる。みなさんの料理の経験と寛大さは、私のかぎりなく貪欲な期待をもつねに上回った。中でも、ボブ・デルグロッソ、スティーブン・コルパン、クリシュネンドゥ・レイ、コンスタンティン・センボス、ジョナサン・ザーフォスにお礼申し上げたい。

　また、図書館の助けなくしては、この本が誕生することはなかっただろう。私はたくさんの幸福な時間を、カリナリー・インスティテュート・オブ・アメリカのコンラッド・ヒルトン図書館、マサチューセッツ園芸協会図書館、ニューヨーク州立大学ニューパルツ校のソジャーナ・トゥルース図書館、ニューヨーク公共図書館で過ごした。写真のほとんどは、ブルックリン植物園、シカゴ植物園、カリナリー・インスティテュート・オブ・アメリカのハーブガーデン、ニューヨーク州ラインベック市のファントム・ガーデナー、コーネル大学のロビソン・ヨークステート・ハーブガーデンで撮影したものである。

ケン・アルバーラ、ダイアナ・ブーヤ、ナンシー・ハーモン・ジェンキンズ、レイチェル・ローダン、ジャックリーヌ・ニューマン、アンドリュー・スミス、ポーラ・ウルファート、クリフォード・ライト、そして食と社会の研究協会のみなさんには一方ならぬお世話になった。私が自分で答えを見つけられないときも、みなさんはかならず答えを捜し出してくれた。

デボラ・ベグリーとタマラ・ワトソンには、おいしい食事とワインを再三ご馳走になったばかりか、機知と知性というもてなしも受けた。

他にも大勢お礼を申し上げるべき方々はいるが、全員の名前を挙げるにはもう一冊本が必要になる。とはいえ、妻であるカレンの献身に感謝しないなら、そんな馬鹿な話はない。妻の支えと皮肉たっぷりのユーモア（しごくもっともな懐疑的態度によるもので、さほど辛辣ではない）、そしてもちろん、何やらあやしげなものが食卓に登場することを一度は試してみようとする意欲があればこそ――本書は日の目を見ることができたのだ。

訳者あとがき

ハーブとは何でしょう？　煉瓦の敷石の間から可憐な白い花を咲かせるカモミール、北の大地を紫に染める芳しいラベンダー、ピザやパスタの味を引き立てる鮮やかな緑のバジルやオレガノ、清涼感あふれるレモングラスやミント、日本でも古くから親しまれているシソ。ハーブとは、庭や畑の片隅に植えられ、料理の風味をよくしてくれる植物。お茶として煎じて飲まれたり、薬になったり香料になったり、慌ただしい日常を生きる現代人の疲れた体と心を癒やしてくれる自然からの恵み……そんなイメージを抱かれている方が多いのではないでしょうか。

そして、そんなイメージをもって本書を手に取られた方は、おそらく驚かれたことでしょう。本書には、ハーブと聞いて私たちが一般に連想する植物はもちろん、これまでハーブとは思いもしなかったであろう植物も多数取り上げられているのですから。

本書 *Herb: A Global History* は、数々の食べ物の歴史を美しい図版と共に紹介する The Edible Series の一冊として、イギリスの Reaktion Books より２０１２年に刊行されました――同シリーズは、料理とワインに関する良書を選定するアンドレ・シモン賞の2010年度特別賞を受賞しています。

このシリーズのユニークな特徴として、テーマとなる食べ物の歴史を紹介するに先立ち、その食べ物の定義があいまいであるときは、それを定義するところからはじめる点が挙げられます。しかし、これがなかなかやっかいで、どの本の著者もみな大いに頭を悩ませています。この『ハーブの歴史』の著者も例外ではありません。著者は、植物学者たちや料理人たちの意見をひと通り紹介した後で、こう結論します。「簡単に言うと、ハーブは、料理に風味を増すために利用される植物の部位のうち、スパイスを除いたすべてである」。ただし、これには続きがあります。「『スパイス』という言葉の定義がそもそもはっきりしないのだが」。なんだかはぐらかされたような気持ちになりますが、つまりそれだけ、ハーブとは何かを定義するのが難しいということなのでしょう。著者によれば、多くのハーブの本に登場し、世間一般に「ハーブ」と考えられている植物は、ヨーロッパのハーブガーデンにたまたま生えていたために注目を浴びているに過ぎないのだそうです。そこで、ハーブの既成概念を取り払い、食用にできる植物の部位という点に注目することによって、本書にはじつに多種多様な、世界各地のユニークな「ハーブ」が登場する次第となりました。

第2章「おなじみのハーブ」では、比較的身近なハーブがたくさん取り上げられていますが、むしろこの章こそ、本書の中で「ハーブの歴史」と呼ぶにふさわしい部分で、ヨーロッパで、古代からハーブがどのように利用されてきたかが、ハーブに関する歴史的文献と共に紹介されています。かつてハーブは食材としてのみならず、薬としても非常に重要な役割を果たしていたことがわかります。15世紀中頃、活版印刷術が発明されると、ただちに『本草書』が続々と出版されたという記述からも、当時の人々がいかにハーブを薬として求めていたかがうかがえるでしょう。ここで、第2章に登場する『英語で書かれた療法』の著者、植物学者にして占星術師でもあったニコラス・カルペパーに関する情報を補足しておきましょう。この本の書名をご覧になって、イギリスで出版された本なのだから、英語で書かれるのはあたりまえではないか？　と疑問に思われた方もいらっしゃったのではないでしょうか？　じつは、カルペパーが活躍した当時、薬草の詳細については公にすることが禁じられていました（薬草の効能、処方に関する情報は内科医師会によって独占されていたのです）。しかし、カルペパーは、一般の人も自分で病を治すための薬草を手に入れられるように、『英国薬局方』をラテン語から英語に翻訳し、廉価で出版したのだそうです。当然、医師たちからは激しい抵抗がありました（くわしい経緯をお知りになりたい方は『本草家カルペパー――ハーブを広めた先駆者の闘い』［ベンジャミン・ウリー著 高儀進訳 白水社］をご覧ください）。カルペパーにとって、ハーブは何よりも薬として価値があったのでしょう。これを知ると、本文の「カルペパーは、ハーブの調理法についてほとんど触れていない」という記述にも納得がいきます。

第3章ではヨーロッパ以外の国のハーブが紹介されています。とくに、アフリカのハーブ（食用植物）は、日本ではまだ情報も少なく、興味深いトピックです。たとえばバオバブ。日本では、『星の王子さま』の、星を破壊するおそろしい巨木というイメージが先行しているかもしれません。しかしアフリカでは、バオバブの葉を野菜のように調理して食べたり、粉末状にして調味料や薬味に混ぜたりして、食材として活用しているそうです。本文中に紹介されている、バオバブでとろみをつけたソースをかけるダンワケという料理もとてもおいしそうです。バオバブは、葉も果肉も栄養が豊富で、種子からは油が取れ、アフリカの人々や動物の生活を支える大切な木だということを、本書を読んではじめて知りました。南アフリカでは、ゲショという葉を漬けてつくるタッジというハチミツ酒も気になる飲み物です。ゲショは魔術と関係していて、狩りを成功させたり、雷から守ってくれたり、邪悪な力が作物を害するのを予防したりすると信じられているそうです。自然が豊かなアフリカには、魔術や呪術への信仰が根強く残っているのかもしれません。

このように、本書は、料理や食材が、それを食べる人々の文化や世界観を反映していることをあらためて教えてくれます。そして、著者が言うように、伝統主義者たちが「正統な」郷土料理を保存しなくてはとどんなに息巻いても、料理や食材、とくにハーブのような草は、そんな壁を軽々と乗り越えて融合し、世界各地の食文化をより豊かなものへと変えていくのでしょう。こうしたハーブの、ちょっと意外でワイルドな歴史を紹介してくれた著者ゲイリー・アレンは、『台所のハーバリスト *The Herbalist in the Kitchen*』などの著書もあるフードライターで、食の歴史や文化について大学で講義もしています。

本書の訳出にあたっては、今回も原書房の中村剛さんにたいへんお世話になりました。心よりお礼申し上げます。

２０１４年12月

竹田　円

写真ならびに図版への謝辞

著者と出版社より, 図版の提供と掲載を許可してくれた関係者にお礼申し上げる。すべての作品の出典を掲載することはできなかったが, 一部については下記を参照されたい。

著者撮影: pp.11, 13, 20, 45, 46, 48, 49, 51, 52, 55, 61, 65, 71, 93, 101, 103, 110, 114, 128, 135, 138, 143, 144下, 146. Istockphoto: p.6 (Lezh); Rex Features: p.41(Roger-Viollet); Werner Forman Archive: p.154 (Oriental Collection, State University Library, Leiden).

Shaudys, Phyllis *V., Herbal Treasures* (Pownal, VT, 1990)
Seidemann, Johannes, *World Spice Plants* (Berlin, 2005)
Sokolov, Raymond, *Why We Eat What We Eat* (New York, 1991)
Staples, George W. and Michael S. Kristiansen, *Ethnic Culinary Herbs: A Guide to Identification and Cultivation in Hawai'i* (Honolulu, HI, 1999)
Von Reis, Siri, *Drugs and Foods from Little Known Plants (notes in Harvard University Herbaria)* (Cambridge, MA, 1973)
——, 'Exploring the Herbarium', *Scientific American* (May 1977), pp. 96-104
Weingarten, Susan, 'Wild Foods in the Talmud: The Influence of Religious Restrictions on Consumption', *Wild Food: Proceedings of the Oxford Symposium on Food and Cookery 2004* 収録 (Devon, 2006)
Witty, Helen, ed., *Billy Joe Tatum's Wild Foods Cookbook and Field Guide* (New York, 1976)
Wolfert, Paula, *Mediterranean Grains and Greens* (New York, 1998)
——, *The Cooking of the Eastern Mediterranean* (New York, 1994)
——, *Couscous and Other Good Food from Morocco* (New York, 1973)

アーバー，アグネス『近代植物学の起源』月川和雄訳，八坂書房，1990年
ウェザーフォード，ジャック・M『アメリカ先住民の貢献』小池佑二訳，パピルス，1996年
スチュアート，マルカム原編著，難波恒雄編著『原色百科世界の薬用植物』難波洋子，鷲谷いづみ訳，エンタプライズ，1988年
ピープス，サミュエル『サミュエル・ピープスの日記』臼田昭訳，国文社，1987～2012年
フリードマン，ポール編『世界 食事の歴史――先史から現代まで』南 直人，山辺 規子訳，東洋書林，2009年
フリーマン，マーガレット・B『西洋中世ハーブ事典』遠山茂樹訳，八坂書房，2009年
ボテロ，ジャン『最古の料理』松島英子訳，法政大学出版局，2003年
マニカ，リズ『ファラオの秘薬――古代エジプト植物誌』八坂書房編集部訳，八坂書房，1994年

Hutchins, Alma, *A Handbook of Native American Herbs* (Boston, MA, 1992)
——, *Indian Herbology of North America* (Boston, MA, 1991)
Hutton, Wendy, *Tropical Herbs and Spices* (Singapore, 1997)
Johns, Timothy, *With Bitter Herbs They Shall Eat It: Chemical Ecology and the Origins of Human Diet and Medicine* (Tucson, AZ, 1960)
Kastner, Joseph, *A Species of Eternity* (New York, 1977)
Keville, Kathi, *The Illustrated Herb Encyclopedia* (New York, 1991)
Keay, John, *The Spice Route: A History* (Berkeley, CA, 2006)
LaTorre, Dolores L., *Cooking and Curing with Mexican Herbs* (Austin, TX, 1977)
Laudan, Rachel, *The Food of Paradise: Exploring Hawaii's Culinary Heritage* (Honolulu, HI, 1996)
LeStrange, Richard, *A History of Herbal Plants* (New York, 1977)
Lewicki, Tadeuz, *West African Food in the Middle Ages* (Cambridge, 1974)
Linares, Edelmira and Judith Aguirre, eds, *Los Quelites, un Tesoro Culinario* (México, 1992)
Miller, Richard Alan, *The Magical and Ritual Use of Aphrodisiacs* (Rochester, VT, 1985)
Murai, M., F. Pen and C. D. Miller, *Some Tropical South Pacific Island Foods; Description, History, Use, Composition, and Nutritive Value* (Honolulu, HI, 1958)
Nichols, Rose Standish, *English Pleasure Gardens* (Boston, MA, 2003)
Northcote, Rosalind Lucy, *The Book of Herb Lore* (New York, 1971; reprint of *The Book of Herbs*, 1912)
Ortiz, Elisabeth Lambert, *The Encyclopedia of Herbs, Spices and Flavorings* (New York, 1992)
Owen, Sri, *Indonesian Food* (London, 2008)
Passmore, Jacki, *The Encyclopedia of Asian Food and Cooking* (New York, 1991)
Peattie, Donald Culross, *Green Laurels: The Lives and Achievements of the Great Naturalists* (New York, 1936)
Rätsch, Christian, *The Dictionary of Sacred and Magical Plants* (Santa Barbara, CA, 1992)
Reilly, Ann, ed., *Taylor's Pocket Guide to Herbs and Edible Flowers* (Boston, MA, 1990)
Rohde, Eleanour Sinclair, *Culinary and Salad Herbs, Their Cultivation and Food Values with Recipes* [1940] (New York, 1972)
——, *The Old English Herbals* (New York and London, 1922)
Root, Waverley, ed., *Herbs and Spices, The Pursuit of Flavor* (New York, 1980)
Schneider, Elizabeth, *Uncommon Fruits and Vegetables* (New York, 1986)

参考文献

Allen, Gary, *The Herbalist in the Kitchen* (Urbana, IL, 2007)

Bailey, L. H., *Hortus Third: A Concise Dictionary of Plants Cultivated in the United States and Canada* (New York, 1976)

Barnes, Donna R., and Peter G. Rose, *Matters of Taste: Food and Drink in Seventeenth-Century Dutch Art and Life* (Syracuse, NY, 2002)

Bertman, Stephen, *Handbook of Life in Ancient Mesopotamia* (New York, 2003)

Brown, Jane, *Vita's Other World: A Gardening Biography of V. Sackville-West* (Harmondsworth, 1985)

Buja, Diana, 'African Honey Wine Recipes, 1862', available at http://dianabuja.wordpress.com, accessed March 2011

Claiborne, Craig, *An Herb and Spice Cookbook* (New York, 1963)

Collins, Minta, *Medieval Herbals: The Illustrative Traditions* (Toronto, 2000)

Conrad, Barnaby III, *Absinthe, History in a Bottle* (San Francisco, CA, 1988)

Corn, Charles, *The Scents of Eden: A Narrative of the Spice Trade* (New York, Tokyo and London, 1998)

Custis, John, *The Letterbook of John Custis IV of Williamsburg, 1717-1742* (Lanham, MD, 2005)

Dalby, Andrew, Siren Feasts: *A History of Food and Gastronomy in Greece* (London and New York, 1997)

Facciola, Stephen, *Cornucopia II, A Sourcebook of Edible Plants* (Vista, CA, 1999) Fleisher, Alexander, and Zhenia Fleisher, 'Identification of Biblical Hyssop and Origin of the Traditional Use of Oregano-group Herbs in the Mediterranean Region', *Economic Botany*, 42 (1988), pp. 232-41

Grieve, Mrs M., *A Modern Herbal* (London, 1931)

Hakluyt, Richard, et al., *Divers Voyages Touching the Discovery of America and the Islands Adjacent* (London, 1850)

Harrop, Renny, ed., *Encyclopedia of Herbs* (London and New York, 1977)

Hedrick, U. P., ed., *Sturtevant's Edible Plants of the World* [1919] (New York, 1972)

Holland, B., et al. *Vegetables, Herbs and Spices* (Cambridge, 1991)

Howes, Laura L., *Chaucer's Gardens and the Language of Convention* (Gainesville, FL, 1997)

レシピ集

ハーブティー

厳密に「茶」と呼べるのは，チャノキ（*Camellia sinensis*）の葉を煎じた飲み物だけであり､いわゆる「ハーブティー」は「ティザン」とも呼ばれる浸出液を指す。カモミールのお茶は，やさしい，繊細な味わいの飲み物。生のローズマリーやレモンが入ったハーブティーは，目が覚めるような，刺激的な一杯になる。

淹れ方はいたってシンプル。沸騰したお湯を，選んだハーブに注いで，お好みの濃さになるまで蒸らしてから，濾して飲む。香りが強いハーブ（ローズマリー，タイム，ミント，ベルガモット）のお茶にはハチミツを少々加えるとよいだろう。

その他のハーブの飲み物

本書では，多くのハーブがビールの醸造や，複雑なコーディアルの材料とされているのを見てきたが，ハーブは，それより少ないながら，カクテルにも利用されている。

カクテルそのものは，じつに現代的な発明だ。もちろん昔から，パンチやシラバブ［ワイン，ミルク（または生クリーム），砂糖を混ぜた飲み物］などの口当たりのよいアルコール飲料はあった。しかし，それらは大量につくられ，グラスに注がれた状態で客に供され，みんなで同じものを飲むのが常だった。

注文を受けてから，普通は一度に1杯ずつつくられる，蒸留酒とその他の香味料（果汁，さまざまな種類の炭酸水，そして相性のよい飾り）を混ぜた飲み物は，より高度な平等主義を，すなわち，あらかじめホストによって決定されたものを飲むのではなく，個人の選択が優先されるようになったことを反映している。

カクテルづくりの技術は1920年代に大いに発展した。その時期が，アイスランド（1915年），ノルウェー（1916年），カナダの一部（1916～19年），そしてもちろんアメリカでは合衆国憲法修正第18条とそれに続くボルステッド法（1919年）によって，アルコールが禁止された直後であるのは偶然ではない。意に反して選択の自由を制限されるほど，人は個性を求めるようになる。カクテルは，権威への自発的な反乱と，当時「燃え上がる青春」と呼ばれていたものへの賛美をみごとに体現している。その時期に登場して，いまでも定番のカクテルが，キューバ・リブレとダイキリ（1920年），ブラッディ・マリー（1921年），ミモザ（1925年）だ。

カクテルはとてもあたらしい飲み物なので，新鮮なハーブをカクテルに使う習慣がおそらくないのだろう。特筆すべき

例外はミントで，有名なふたつのカクテルで重要な役割を果たしている。いずれも1920年代のカクテル全盛期に先駆けるもので，ミント・ジュレップ（最初の記録は1803年）と，モヒート（19世紀の飲み物だが，さらに歴史は古く，17世紀の混合飲料を元にしている）である。

この本の執筆中にもカクテルへの関心がふたたび高まり，若いバーテンダーたちがあらたな技術を開発するためにじつにさまざまな角度の試みをはじめている（フレーバーシロップや浸出果汁を手づくりするなど）。近い将来，伝統的なカクテルづくりの道具や飾りの間に，新鮮なハーブを見かける機会がもっとずっと増えるだろう。

◉ブラックベリーとローズマリーのキール

このシロップをシャンパンに加えると，目の覚めるようなハーブ版キール・ロワイヤルができる。

(6杯分)
新鮮なブラックベリー*…2カップ(250*g*)
砂糖…¼カップ（50*g*）
水…⅓カップ（70*ml*）
新鮮なローズマリー…大さじ1½（細かくきざんだもの）
辛口のシャンパン，またはプロセッコ**…1本
オレンジの薄切り（飾り用）…6枚
* いちばん見栄えのよいベリー6個を除いておく。
** イタリアのスパークリングワイン。

1. 残りのベリー，砂糖，水，ローズマリーを，小さな鍋（ステンレス製かフッ素加工されたもの）に入れて，20分ほど少々もったりするまで煮込む。
2. 目の細かい濾し器に入れて，押さずに濾して，冷ます。
3. シャンパングラス6脚に，2のシロップを注ぎ分けてから，シャンパン，もしくはプロセッコを注ぐ。最後にオレンジの薄切りを載せる。

………………………………………………

◉エルダーベリーの花のシロップ

この香りのよいシロップは，プロセッコに入れればカクテルに，炭酸水で割ればさわやかなノンアルコール飲料になる。薄切りにした生のイチゴの上に注いで，少なくとも1時間半味をなじませてから供してもよい。

(3パイント分)［1.5リットル弱］
エルダーベリーの花…20個（午前中に摘んだもの）
レモンの薄切り…1個分
ボール社のフルーツ・フレッシュ*…小さじ2（注参照）
白砂糖…2*kg*
沸騰させたお湯…1200*ml*
* ボール社のフルーツ・フレッシュは，アスコルビン酸（ビタミンC）とクエン酸がミックスされたもので，生の果物や野菜を切ったとき，酸化して色が茶色くなるの

を予防する。

1. 花の茎を切り落とし，虫や葉などの不純物を完全に取り除く。
2. 大きめのボールに，1，砂糖，レモン，ボール社のフルーツ・フレッシュを入れる。
3. 沸騰させたお湯を2に注ぎ，砂糖が溶けるまで混ぜる。
4. ラップをして5日間置く。1日に2回かき混ぜること。
5. 5をブイヨン用の濾し器と湿らせた清潔な布巾で濾す（いずれかで濾すだけでもよい）。
6. 消毒した瓶か，ジャム用の瓶に入れる。冷蔵庫に入れるか，ジャム用瓶を使用する場合は，大きな鍋で瓶ごと15分間煮沸消毒して保存する。

その他のハーブのレシピ

◉キュウリとシソの酢の物

日本の代表的な野菜のピクルス（ただし醗酵させないもの）。冷たく，さっぱりとしていて，先付けや，ご飯や麺料理のお供として供される。

（2カップ［ほぼ500g］分）
米酢…½カップ
みりん…大さじ3
砂糖…¼カップ（50g）
塩…大さじ1
キュウリの薄切り…1カップ（175g）
大根，もしくはレッドラディッシュの薄切り…1カップ（175g）
赤シソの葉…8枚

1. 米酢，みりん，砂糖，塩をステンレスのボールに入れて，砂糖と塩が溶けるまでかき混ぜる。
2. 赤シソを細切りにする。
3. キュウリ，大根（レッドラディッシュ），赤シソを1のボールに入れて，ラップをして，冷蔵庫で1時間寝かせる。
4. 冷たいまま供する。

………………………………………………

◉ミシガン・コーンスープ

このスープを食べたのは，インディアナ州との州境に近い，ミシガン湖のほとりにある小さなドライブインだった。あっさりしているが食べ応えがあり，とてもおいしい。クリームが入っていて舌触りも滑らかだ。すっかり感心した私たちはウェイトレスにレシピを尋ねた。残念ながら，シェフから「レシピは門外不出」という答えが返ってきたので，ここに紹介するものは，自分なりに再現を試みたものである。隠し味となるものはもちろん，ほのかで，意外なレモングラスの香り。

（4人分）
鶏ガラスープ…950ml
生のレモングラス…1本（きざんでおく）
トウモロコシ…3本
パプリカ…1個（種子を除いて，トウモロコシの粒大にカットする）
タマネギ…小1個（トウモロコシの粒大にカットする）
塩，コショウ…お好みで

イタリアンパセリ…小さじ1（きざんでおく）
ダブルクリーム*…大さじ1
* 乳脂肪分の高い生クリーム。

1. 鶏ガラスープにレモングラスを入れて，20分間漬け込む（レモングラスの風味がよく染み込むまで）。
2. 鶏ガラスープを濾す（レモングラスは捨てる）。
3. トウモロコシの粒を軸からはがし，ナイフの縁で軸をこすって，粒の付け根から乳白色の液を完全に絞り取る。
4. トウモロコシ，パプリカ，タマネギをスープに入れ，柔らかくなるまでコトコト煮る。
5. ダブルクリームとパセリを入れて，塩，コショウで味を調える。

………………………………………………

◉豚ロースとザタールのロースト。ニンニクのカリカリ炒め添え。

このローストの完成品は，まるで炭のようにきらきら光っている。ところが切り分けると，中はジューシーで，まっ白く美しい。ニンニクのカリカリ炒めの分量は，4～6人用としては多すぎるように思えるかもしれないが，シェリー酒でゆでると，ニンニク特有の不快な臭みがほとんど消える。キツネ色になるまで炒めると甘味が出て，舌触りも滑らかになる。

（4～6人分）
ザクロの糖液（モラセス）*…大さじ2（注参照）
ハチミツ…大さじ2
オリーブオイル（エキストラバージンオイルでないもの）…大さじ1
ザタール**…小さじ½（砕いておく）
黒コショウ（挽きたてのもの）…小さじ¼
ニンニク…1片（ペースト状にすりつぶしたもの）
ニンニク…2玉（皮はむかなくてよいが，鱗片に分けておく）
豚ロース肉…1.3～1.8*kg*
ドライシェリー…225*ml*
* ザクロの糖液（モラセス）は実際は糖液ではなく，ザクロの果汁を煮詰めた甘酸っぱいソース。中東の製品を扱っている市場で入手できる。完全な代用になるものはないが，タマリンド・ソースがかなり近い。
** ザタール（Za'atar）は，*Origanum cyriacum*，*Thymus capitatus*，*Thymbra spicata* など，中東のさまざまなハーブの総称。タイム，オレガノ，マージョラムのような味と香りがあり，これらのハーブを2～3種類合わせれば，ちょうどよい代用になる。ただしくれぐれも，スパイスミックスのザタール（Zathar）と勘違いしないように。こちらは，通常タイムやウルシ，ときおりゴマなどが入ったスパイスミックス。

1. ザクロの糖液，ハチミツ，オリーブオイル，ザタール，黒コショウ，ニンニク（1片）をステンレスのボール（もしくは，豚ロース肉がまるごと入る大きさのジッパーつきビニール袋）に合わせておく。
2. 1を豚ロース肉にかける。すべての

面に万遍なくかかるように。

3. 2を冷蔵庫で8時間（もしくは一晩）漬け込む。途中で3～4回ひっくり返す。
4. オーブンを175度に予熱する。天板にオリーブオイルを薄く塗ること。
5. オーブンが温まったら豚ロース肉を入れて，60分から75分ローストする。何度か漬け汁をかける。
6. 豚肉の中の温度が70度になったらオーブンから取り出し，アルミホイルで包む（温度を74度に保ち，肉が乾燥したり縮んだりするのを防ぐため）。
7. アルミホイルで包んだまま，15分ほど温かい場所に置いておく。その間に，ニンニクのカリカリ炒めをつくろう。
8. ローストをオーブンから出したら，小さな鍋にシェリー酒を沸騰させ，ニンニク2玉分（鱗片に分けたもの）を2分間ゆでる。
9. シェリーを捨てて，ニンニクの皮をむく（固いへたを果物ナイフで切り落とすと，するっとむける）。しっかり水気を切ってから，オリーブオイルで炒める。均等にキツネ色になってこうばしい香りがするまで，休みなくフライパンを揺する。薄く切った豚肉のローストに添えて供する。

………………………………………………

◉バジルの香りのイチゴ

イチゴのようにとても身近な果物も，ほんの少しの意外なアクセント（もはや古典的な黒コショウなど）を加えることで風味が強められる。このレシピでは，新鮮なバジルの，ほのかなクローブとアニスのような風味が，家族みんなが好きなイチゴにトロピカルで神秘的とさえ言えるムードを加えている。

（4人分）
水…225*ml*
砂糖…200*g*
新鮮なバジルの葉…20*g*（細かくきざむ）
新鮮なイチゴ…500*g*（へたをとって薄く切る）
バジルの葉まるごと…4枚

1. 底の深い鍋に水と砂糖を入れ，砂糖がすべて溶けるまで加熱し，冷ます。
2. 1にきざんだバジルを入れて，さらに冷ます。
3. 完全に冷めたら，目の粗い布で濾して，バジルを完全に取り除く。
4. 3をイチゴにかけて，ラップなどで覆って冷蔵庫に入れ，少なくとも1時間，味をよくなじませる。
5. イチゴを4等分し，バジルの葉と一緒に供する。

………………………………………………

◉ローズマリーのショートブレッド

（20*cm*四方のショートブレッド1枚）
コーンミール…65*g*
プレーンな小麦粉…210*g*
砂糖…100*g*
新鮮なローズマリー…大さじ1（細かくきざむ）
塩…小さじ大盛り1

ソバやオカトラノオなどの，黒褐色のハチミツ…大さじ1½
冷たい無塩バター…220g（ダイス状に切っておく）

1. オーブンを160度に予熱しておく。
2. コーンミール，小麦粉，砂糖，ローズマリー，塩を，フードプロセッサーのボールに入れ，軽く混ぜる。
3. 2にバターとハチミツを加え，生地がぽろぽろになって，まとまり出すまで撹拌する（やりすぎると，グルテンが形成されて，固くもっちりした生地になってしまうので注意）。
4. 油を塗っていない20cm四方の天板に生地を移す。
5. 生地の表面をむらなくフォークで刺す。
6. 35～40分，こんがりキツネ色になるまで焼く
7. 金網の上で軽く冷まし，完全に冷める前に好きな大きさに切り分ける（完全に冷めてからだと粉々になってしまう）。

…………………………………………

◉タイムの香りのフルーツサラダ

（4～5カップ分）
アーモンドオイル…大さじ2
新鮮なタイムの葉…大さじ1
ハチミツ…大さじ1
レモンの果汁と皮…1個分
白ワインビネガー…小さじ1
塩，黒コショウ（挽きたてのもの）
ハニーデューメロン…½玉（種子を取り除き，ボール状にくり抜く）
カンタロープ＊…½玉（種子を取り除き，ボール状にくり抜く）
種なし赤ブドウ…2カップ（250g）
＊果肉がオレンジ色のマスクメロン。

1. アーモンドオイル，タイムの葉，ハチミツ，レモンの果汁と皮，ビネガーを小さなボールに入れて，しっかり混ざり合うまで撹拌する。
2. 塩，コショウで味をととのえる。
3. 2に果物を入れて，供する。

…………………………………………

◉生のトマトソース

夏の理想のレシピ。夏はトマトが旬の季節，そして手早くつくれるソースは何よりありがたい！

（4人分／パスタ450g分）
良質の新鮮なオリーブオイル…60ml
ベルギー・エシャロット…小1玉（皮をむいて，みじん切りにする）
新鮮なタラゴンの葉…大さじ1（きざんだもの，飾り用の茎を1本）
熟したトマト…450g（皮をむいて，種子を除き，きざむ）
塩，黒コショウ（挽きたてのもの）

1. オリーブオイル，エシャロット，タラゴン，トマトを，ステンレスのボールに入れ，ラップで覆って，味がなじむように，少なくとも1時間置いて

おく。

2. ブレンダーかフードミルで1をピューレ状にする。塩とコショウで味をととのえる。
3. ゆでたてのパスタに2をかけ，タラゴンの茎を載せて供する。

注

序章　原始の野生

(1) Susan Weingarten, 'Wild Foods in the Talmud: The Influence of Religious Restrictions on Consumption', *Wild Food: Proceedings of the Oxford Symposium on Food and Cookery 2004* (Devon, 2006), pp.323-3.
(2) Gary Allen, *The Herbalist in the Kitchen* (Urbana, IL, 2007), p. 224.

第１章　ハーブとは何か？

(1) Gary Allen, *The Herbalist in the Kitchen* (Urbana, IL, 2007), p. 8

第２章　おなじみのハーブ

(1) ジャン・ボテロ『最古の料理』（松島英子訳，法政大学出版局，2003 年）
(2) 同前
(3) Stephen Bertman, *Handbook of Life in Ancient Mesopotamia* (New York, 2003), pp. 291-3.
(4) ジャン・ボテロ『最古の料理』
(5) ポール・フリードマン編『世界 食事の歴史――先史から現代まで』（東洋書林，2009 年）
(6) プリニウス『プリニウス博物誌』（大槻真一郎責任編集，岸本良彦他訳，八坂書房，2009 年）
(7) アグネス・アーバー『近代植物学の起源』（月川和雄訳，八坂書房，1990 年）
(8) 同前
(9) 同前
(10) 同前
(11)「アケーターリア（サラダ論）」より，Alice Ross による引用。www.journalofantiques.com (2011 年 3 月アクセス)
(12) ニコラス・カルペパー「読者への最初の手紙」*Complete Herbal* (1653) 収録。www.bibliomania.com。2011 年 3 月アクセス。
(13) Debs Cook, 'The Royal Herb Strewer'。http:// herbsociety.org.uk。2011 年 3 月アクセス。
(14) プリニウス『プリニウス博物誌』

(15) 同前
(16) 同前
(17) 同前
(18) 同前
(19) 同前
(20) 同前
(21) カルペパー，*Complete Herbal*「ガーデンバジル，スイートバジル」
(22) 同前「ベイツリー」「スイートマジョラム」「ウィンターセイボリーとサマーセイボリー」
(23) 同前「ミント」
(24) 同前「マスタード」
(25) 同前「タイム」
(26) 同前「ディル」
(27) 同前「チャイブ」
(28) 同前「ウォータークレス」
(29) プリニウス『プリニウス博物誌』
(30) カルペパー，*Complete Herbal*，「アンゼリカ」
(31) Richard LeStrange, *A History of Herbal Plants* (New York, 1977), p. 138.
(32) リズ・マニカ『ファラオの秘薬―古代エジプト植物誌』（八坂書房編集部訳，八坂書房，1994 年）
(33) Craig Claiborne, *An Herb and Spice Cook Book* (New York, 1963), p. 319.
(34) Alexander and Zhenia Fleisher, 'Identification of Biblical Hyssop and Origin of the Traditional Use of Oregano-group Herbs in the Mediterranean Region', *Economic Botany*, 42 (1988), pp. 232-41.
(35) サミュエル・ピープス『サミュエル・ピープスの日記』（臼田昭訳，国文社，1987 ～ 2012 年）
(36) カルペパー，*Complete Herbal*「ボリジとビューグロス」
(37) プリニウス『プリニウス博物誌』
(38) 同前
(39) 中世のラテン語は，古典でも，近代科学の用語でもなかったことに留意されたい。
(40) Laura L. Howes, *Chaucer's Gardens and the Language of Convention* (Gainesville, FL, 1997), p. 22. より引用。
(41) Eleanour Sinclair Rohde, *The Old English Herbals* (London and New York, 1922), p.

1.

第3章　ヨーロッパ以外のハーブ

(1) National Research Council, *Lost Crops of Africa*, vol. II: *Vegetables* (Washington, DC, 2006), p. 78. 2011 年 3 月アクセス。

(2) ハルーン・ハラックより個人的にご教示頂いた。ハラックは，シエラレオネに農業相談員として勤務し，現在はウエストバージニア州バークレー群のレッドバッド農場で持続可能な農業の方法を教えている。

(3) 米国学術研究会議，*Lost Crops of Africa*, vol. II: *Vegetables* (Washington, DC, 2006), p. 93.

(4) Diana Buja, 'African Honey Wine Recipes, 1862', at http://dianbuja.wordpress.com 2011 年 10 月 25 日アクセス。

(5) 'Food: Bread, Beer, and All Good Things', www.reshafim.org.il。2011 年 3 月アクセス。

(6) Tadeuz Lewicki, *West African Food in the Middle Ages* (Cambridge, 1974), pp. 57, 67, 219.

(7) 同前

(8) Gary Allen, *The Herbalist in the Kitchen* (Urbana, IL, 2007), p. 156.

(9) Richard LeStrange, *A History of Herbal Plants* (New York, 1977), p.115.

第4章　旅をするハーブ

(1) Richard Hakluyt et al., *Divers Voyages Touching the Discovery of America and the Islands Adjacent* (London, 1850), p. 127.

(2) 'Emigrant Ship Provisions List 1630', www.pilgrimhall.org。2011 年 3 月アクセス。

(3) Donna R. Barnes and Peter G. Rose, *Matters of Taste: Food and Drink in Seventeenth-Century Dutch Art and Life* (Syracuse, NY, 2002), p. 23; Peter G. Rose, *Food, Drink and Celebrations of the Hudson Valley Dutch* (Charleston, SC, and London, 2009), *Matters of Taste: Dutch Recipes with an American Connection* (Syracuse, NY, 2002)

(4) John Custis, *The Letterbook of John Custis IV of Williamsburg, 1717-1742* (Lanham, MD, 2005), pp. 197-8.

(5) Donald Culross Peattie, *Green Laurels: The Lives and Achievements of the Great Naturalists* (New York, 1636), p. 189

(6) バートラムが，ジョージア州の山中で発見した種（フランクリンノキ *Franklinia alatamaha*）（友人のベンジャミン・フランクリンにちなんで名づけ

られた）は，野生のものは絶滅し，いま生息しているものはバートラムが増やした挿し木の子孫である。

(7) Joseph Kastner, *A Species of Eternity* (New York, 1977), p. 62.

(8) 米国農務省，「侵入雑草と有毒雑草」http://plants.usda.gov 参照。2011 年 3 月アクセス。

(9) Richard LeStrange, *A History of Herbal Plants* (New York, 1977), p.58.

(10) 同前，64 ページ。

(11) 同前，215 ページ。

(12) 同前，37 ページ。

(13) 米国学術研究会議，*Lost Crops of Africa*, vol. II: *Vegetables*(Washington, DC, 2006), p.248-50.

ゲイリー・アレン（Gary Allen）
フードライター，編集者。著書に『*The Herbalist in the Kitchen* 台所のハーバリスト（ハーブ専門家）』（2007 年）他，執筆・共同編集に『*The Oxford Encyclopedia of Food and Drink in America* オックスフォード アメリカ食物／飲料百科事典』（2004 年）他多数がある。ニューヨーク州エンパイアステートカレッジで食の歴史や文化を教えている。

竹田円（たけだ・まどか）
東京大学大学院人文科学研究科修士課程修了。専攻はスラヴ文学。訳書に『アイスクリームの歴史物語』（ローラ・ワイス著），『パイの歴史物語』（ジャネット・クラークソン著）（以上《お菓子の図書館》シリーズ，原書房），『カレーの歴史』（コリーン・テイラー・セン著），『お茶の歴史』（ヘレン・サベリ著），『スパイスの歴史』（フレッド・ツァラ著），『ジャガイモの歴史』（アンドルー・F・スミス著）（以上《「食」の図書館シリーズ，原書房），『女の子脳男の子脳』（リーズ・エリオット著，NHK 出版），他。

「食」の図書館

ハーブの歴史

●

2015年1月21日　第1刷

著者……………ゲイリー・アレン

訳者……………竹田 円

装幀……………佐々木正見

発行者……………成瀬雅人

発行所……………株式会社原書房

〒160-0022 東京都新宿区新宿1-25-13

電話・代表 03(3354)0685

振替・00150-6-151594

http://www.harashobo.co.jp

本文組版……………有限会社一企画

印刷……………シナノ印刷株式会社

製本……………東京美術紙工協業組合

ISBN 978-4-562-05122-9, Printed in Japan

スパイスの歴史《「食」の図書館》

フレッド・ツァラ／竹田円訳

シナモン、コショウ、トウガラシなど5つの最重要スパイスに注目し、古代～大航海時代～現代まで、食はもちろん経済、戦争、科学など、世界を動かす原動力としてのスパイスのドラマチックな歴史を描く。　２０００円

キノコの歴史《「食」の図書館》

シンシア・D・バーテルセン／関根光宏訳

「神の食べもの」か「悪魔の食べもの」か？　キノコ自体の平易な解説はもちろん、採集・食べ方・保存、毒殺と中毒、宗教と幻覚、現代のキノコ産業についてまで述べた、キノコと人間の文化の歴史。　２０００円

レモンの歴史《「食」の図書館》

トビー・ゾンネマン／高尾菜つこ訳

しぼって、切って、漬けておいしく、油としても使えるレモンの歴史。信仰や儀式との関係、メディチ家の重要な役割、重病の特効薬など、アラブ人が世界に伝えた果物には驚きのエピソードがいっぱい！　２０００円

お茶の歴史《「食」の図書館》

ヘレン・サベリ／竹田円訳

中国、イギリス、インドの緑茶や紅茶のみならず、中央アジア、ロシア、トルコ、アフリカまで言及した、まさに「お茶の世界史」。日本茶、プラントハンター、ティーバッグ誕生秘話など、楽しい話題満載。　２０００円

紅茶スパイ　英国人プラントハンター中国をゆく

サラ・ローズ／築地誠子訳

19世紀、中国がひた隠しにしてきた茶の製法とタネを入手するため、凄腕プラントハンターが中国奥地に潜入。激動の時代を背景に、ミステリアスな紅茶の歴史を描いた、面白さ抜群の歴史ノンフィクション！　２４００円

（価格は税別）